U0650541

生态环境产教融合系列教材

水污染修复工程

郑国臣　主　编

张晓琦　赵　微　王正阳　副主编

中国环境出版集团·北京

图书在版编目（CIP）数据

水污染修复工程 / 郑国臣主编. -- 北京 ： 中国环
境出版集团，2025. 8. --（生态环境产教融合系列教材
）. -- ISBN 978-7-5111-6069-0

Ⅰ. X52

中国国家版本馆 CIP 数据核字第 2024UX8940 号

内 容 简 介

本教材基于成果导向教育（OBE）理念，系统地介绍了水污染修复工程领域的最新研究
进展、应用实践和未来发展方向。教材内容涵盖了水污染修复工程的各个方面，包括突发性
水污染事件应急处理、河流生态修复、湿地生态修复、湖泊生态修复、水库生态修复及河口
生态修复等，旨在为读者提供科学实用的知识体系。教材编写力求结合理论与实际案例分析，
帮助读者深入理解水污染问题及其修复技术的背景、现状和未来趋势，掌握水污染修复的基
本原理与方法。通过系统的理论讲解和实践操作指导，读者将具备解决实际水生态环境问题
的能力，并为推动水资源保护、改善水环境、实现可持续发展贡献力量。

本教材适用于环境生态工程专业的学生、工程技术人员、环保从业者及政府决策者等，
致力于帮助读者更好地理解和应用水污染修复工程技术，提升解决水污染问题的能力。

责任编辑	宾银平	
封面设计	宋　瑞	

出版发行	中国环境出版集团	
	（100062　北京市东城区广渠门内大街 16 号）	
	网　　　址：http://www.cesp.com.cn	
	电子邮箱：bjgl@cesp.com.cn	
	联系电话：010-67112765（编辑管理部）	
	010-67113412（第二分社）	
	发行热线：010-67125803，010-67113405（传真）	
印　　刷	北京鑫益晖印刷有限公司	
经　　销	各地新华书店	
版　　次	2025 年 8 月第 1 版	
印　　次	2025 年 8 月第 1 次印刷	
开　　本	787×1092　1/16	
印　　张	11	
字　　数	270 千字	
定　　价	46.00 元	

生态环境产教融合系列教材编委会

主　任：李晓华（河北环境工程学院）

副主任：耿世刚（河北环境工程学院）
　　　　张　静（河北环境工程学院）

编　委：（按姓氏汉语拼音排序）
　　　　曹　宏（河北环境工程学院）
　　　　崔力拓（河北环境工程学院）
　　　　杜少中（中华环保联合会）
　　　　杜一鸣［金色河畔（北京）体育科技有限公司］
　　　　付宜新（河北环境工程学院）
　　　　高彩霞（河北环境工程学院）
　　　　冀广鹏（北控水务集团有限公司）
　　　　纪献兵（河北环境工程学院）
　　　　靳国明（企美实业集团有限公司）
　　　　李印果（东软教育科技集团有限公司）
　　　　潘　涛（北京泷涛环境科技有限公司）
　　　　王喜胜（北京京胜世纪科技有限公司）
　　　　王　政（河北环境工程学院）
　　　　薛春喜（秦皇岛远中装饰工程有限公司）
　　　　殷志栋（河北环境工程学院）
　　　　张宝安（河北环境工程学院）
　　　　张军亮（河北环境工程学院）
　　　　张利辉（河北环境工程学院）
　　　　赵文英（河北正润环境科技有限公司）
　　　　赵鱼企（企美实业集团有限公司）
　　　　朱溢镕（广联达科技股份有限公司）

本书编委会

主　编：郑国臣（河北环境工程学院）

副主编：张晓琦（东北农业大学）
　　　　赵　微（黑龙江大学）
　　　　王正阳（北京志合沃特环境科技有限公司）

编　委：佟雪娇（煜环环境科技有限公司）
　　　　王连龙（河北环境工程学院）
　　　　刘佳莉（河北环境工程学院）
　　　　杨　卓（河北环境工程学院）
　　　　塔　莉（河北环境工程学院）
　　　　秦　津（河北环境工程学院）

生态环境产教融合系列教材

总　序

　　培养大批应用型人才是贯彻落实党中央、国务院关于教育综合改革决策部署的必要之举，产教融合是高等学校培养应用型人才的必由之路。2017 年，国务院办公厅印发《关于深化产教融合的若干意见》（国办发〔2017〕95 号），明确要求深化职业教育、高等教育等改革，发挥企业重要主体作用，促进人才培养供给侧和产业需求侧结构与要素全方位融合，培养大批高素质创新人才和技术技能人才。深入推进产教融合在解决教育链与产业链脱节问题，将最新理论和技术落实落地，打破产业发展瓶颈，提升高校应用型人才培养质量等方面具有重要意义。

　　教材作为知识的载体，体现了人才培养目标的要求，是开展教学的基本工具，更是人才培养质量的重要保证。面对应用型人才培养的要求，教材改革迫在眉睫。目前在应用型人才培养过程中普遍缺乏合适的教材，往往借用原有的普通本科教材，其教学要求、教学内容和教学模式，都不适用于强调实践能力的应用型人才培养，难以实现应用型人才的培养目标；有些应用型教材地域性过于明显，或不成体系，限制了学生对行业整体性的了解。因此，面对行业产业需求，将专业教育链与对应的产业链有机衔接，编写兼具适用性和实用性的应用型系列教材非常迫切，并具有重要的现实意义。

　　党的二十大提出建设人与自然和谐共生的现代化。2023 年 12 月中共中央、国务院印发《关于全面推进美丽中国建设的意见》，明确了要加快形成以实现人与自然和谐共生现代化为导向的美丽中国建设新格局。贯彻落实习近平生态文明思想，加快形成绿色低碳生产生活方式，把建设美丽中国转化为社会行为自觉，已成为新时代发展的必然趋势。高等学校是人才培养、文化传承的重要阵地，在美丽中国建设中，要承担起培养生态文明建设人才、传播习近平生态文明思想、提高全民生态文明素质的重任。面对生态文明建设的新形势和美丽中国建设的明确要求,培养适应生态文明建设需要的应用型、复合型、创新型人才非常迫切。因为生态环境问题的交叉性、系统性和复杂性,在各行各业、生产生活各领域都存在生态环境问题,所以生态环境问题的解决不是某一个行业的事情。这样就使生态环境人才的培养具有两方面特点:一方面具有鲜明的应用型特点,要能够解决各行各业、各个领域的环境问题;另一方面具有交叉复合型特点,培养生态环境人才不仅仅是生态环境类专业独有的任务。因此,高等学校要站在将生态文明建设纳入"五位一体"总体布局的高度,将专业人才培养链与行业产业的生态环境需求有机衔接,培养生态文明建设需要的应用型人才。所以,开发针对各行各业生态环境问题的产教融合系列教材迫在眉睫。

河北环境工程学院前身是中国环境管理干部学院,由中国环保事业的奠基者曲格平先生创建,是中国最早开展环境教育的高校之一。建校40余年来,学校历经环保干部轮训、环保局长岗位培训、成人高等教育、高职教育、本科教育,为环保事业源源不断地输送了大批中坚和骨干力量。学校在我国环保事业发展的各个阶段都发挥了重要作用,其发展历程见证了中国环境保护事业的发展历程,长期以来被誉为环保系统的"黄埔军校"。近几年,学校坚持应用型办学定位,以绿色低碳高质量发展需求为导向,优化学科专业结构,建设与行业产业需求有机衔接的专业集群;以产教融合为人才培养主要路径,建立产教融合协同育人的有效机制;以培养高素质应用型人才为根本目标,建立"跨学科交叉、校政企共育共管、多元协同促教"的应用型人才培养模式,改革课程体系和教育教学方法。其中,以课程建设为突破口,以产教融合应用型教材开发为抓手,针对生态环境类专业,梳理生态环保行业的需求,校企合作编写应用型教材;针对非生态环境类专业,梳理其对应的行业产业相应的绿色低碳发展需求,跨学科、跨行业校企合作开发相关教材。通过几年的实践探索,校企合作开发了这套生态环境产教融合系列教材,以期解决高等学校生态环境应用型人才培养缺乏适用教材的问题。

本系列教材以习近平生态文明思想为指导,坚持绿色低碳发展理念,覆盖多学科门类和行业产业领域,具有鲜明的生态环境特色。系列教材中的环境类专业课程教材,直接与生态环境保护产业链相关领域结合,培养服务生态环保行业的应用型人才；系列教材中的非环境类专业课程教材，针对其行业产业链中存在的生态环境相关问题，有针对性地将绿色低碳理念融入教材教学内容，奠定学生坚实的生态文明职业素养。在具体的教材建设环节，成立了由高校"双师型"教师及行业企业一线具有丰富生产经验的专家组成的教材编写组，充分发挥校企合作双主体优势，立足于企业现实岗位中的具体工作过程，采取案例式、任务式、项目式教学设计模式，将企业先进的生产技术、管理理念和课程思政等教育元素融入教材，真正实现教材内容与企业具体岗位的需要全面融合，全方位保证了教材的适应性。本系列教材填补了全国生态环境产教融合应用型系列教材的空白，可供各普通本科院校、职业院校的生态环境类专业学生使用；同时，对非生态环境类专业但开设与生态环境相关课程的，也可选取系列教材中相关的教材使用。

前　言

　　水是生命之源，是维系地球生态系统稳定与人类社会健康发展的基本要素。水资源不仅是农业灌溉、工业生产和城乡生活的根本保障，更是生态系统循环与调节的重要支撑。然而，随着全球工业化、城市化进程的持续推进，人口密度不断上升，资源开发与环境承载之间的矛盾日益突出，水环境面临的污染压力日趋严峻。地表水富营养化、地下水重金属污染、黑臭水体频现、突发水污染事件屡发等问题，已成为制约我国乃至全球生态安全和经济社会可持续发展的关键因素之一。

　　在此背景下，水污染修复工程作为恢复水生态系统结构与功能、改善水质状况、实现水环境良性循环的重要技术路径，日益成为生态文明建设中的核心支柱。它不仅是环境治理体系的重要组成部分，也是支撑"双碳"目标、推动绿色低碳转型、构建人与自然和谐共生现代化的重要依托。因此，系统掌握水污染修复的理论基础、技术方法与工程应用路径，是生态环境相关领域专业人才所必须具备的核心能力之一。《水污染修复工程》教材正是在这一战略需求下编写而成的。全书以习近平生态文明思想为指导，贯彻落实国家生态环境保护政策，面向新工科、新生态、新人才培养目标，全面融入成果导向教育（OBE）理念。教材系统梳理了国内外水污染修复工程的研究进展与工程实践成果，涵盖突发性水污染事件的应急处置、典型水体的生态修复、创新材料与前沿技术的应用案例等多个维度，内容结构科学严谨，理论体系系统完整，实践案例贴近现实，旨在为环境生态工程相关专业学生、工程技术人员、科研人员、管理者与政策制定者提供系统化的理论支撑与技术指导。

　　教材内容设置上，涵盖了河流、湖泊、水库、湿地与河口等典型水体的污染治理路径，并特别强调系统治理、综合修复与多介质协同的工程思维模式。同时，结合最新发展趋势，引入了数字孪生、水生态大数据、仿生材料、生态系统服务价值评估等新兴理念和工具，构建了"基础理论—工程技术—应用实践—政策机制"四位一体的知识体系。教材注重理论联系实际，案例丰富，选取了国内典型流域治理工程、重大生态修复项目、创新技术应用示范等作为实践支撑，增强了内容的现实针对性与应用指导性。

本教材的核心目标在于培养学生"理解—应用—整合—创新"四级能力，提升其在复杂水环境治理任务中提出方案、分析问题与实施解决的综合素养。通过系统学习，学生将掌握主流修复技术原理及选型方法，具备流域视角下的问题识别、系统建模与协同治理能力，能够独立参与或主导污染水体的生态修复项目，服务于各类环境保护与治理实践工作。

我们希望通过本教材的学习，读者不仅能提升水污染修复的理论素养与工程实践能力，更能深化生态环境保护的价值认同，增强参与生态文明建设的使命感与责任感。期待本教材能够为推动我国水环境治理与生态修复事业的发展，为实现"山水林田湖草沙"系统治理与美丽中国建设目标作出应有贡献。

参编作者分工：

项目一、项目二由郑国臣、张晓琦、王连龙负责，项目三、项目四由王正阳、佟雪娇、张晓琦负责，项目五由刘佳莉、赵微负责，项目六由杨卓、赵微负责，项目七由秦津、塔莉负责。

最后，我们由衷地感谢所有参与本教材编写和出版的人员，特别是河北环境工程学院冯兴鹏、黄丽颖、关紫丹、田悦雨、秦愿意、蔡银行、宿福玥、齐硕瑶、李卓然、高曼曼、张倩、任阳阳、王冀成、石一蕊、王仕岩、刘舒雅等同学，他们为本教材的完成付出了大量的辛勤努力。同时，感谢所有支持和帮助过我们的人员，由于你们的大力支持，本教材才能顺利完成。

目　录

项目一　突发性水污染事件的应急处理工程

【学习目标】项目一旨在介绍突发性水污染事件的定义和发展现状及突发性水污染事件的应急处理技术、应急监测技术、应急修复技术，让学生了解突发性水污染事件应急处理技术的重要性和紧迫性，掌握突发性水污染管理策略。

【学习任务】了解、掌握突发性水污染事件的定义、分类。掌握突发性水污染事件的管理策略。了解突发性水污染修复工程领域的重要原则和处置策略，认识突发性水污染修复工程在环境保护中的作用，并为后续项目的学习打下基础。

📁 任务导入

在突发性水污染事件的应急处理工程项目中，我们将学习何谓水污染物、何谓突发性水污染事件，了解应急处理技术的重要性，通过突发性水污染事件调查，以南京市秦淮河死鱼事件、嘉陵江"1·20"甘陕川交界断面铊浓度异常事件等案例导入，结合应急处理工程实践，以五个任务为导向介绍突发性水污染事件的应急处理全过程。突发性水污染事件调查是应急处理工作的起点，需要对污染状况进行全面调查、评估，启动相应程序的紧急预案。任务二、任务三和任务四分别从应急处理、应急监测、应急修复系统阐述了突发性水污染事件的应急处理工程实施处理、评估监测、治理恢复的全过程。任务五是对整体项目的总结概括，为突发性水污染事件的应急处理工程提供了管理策略（图1-1）。

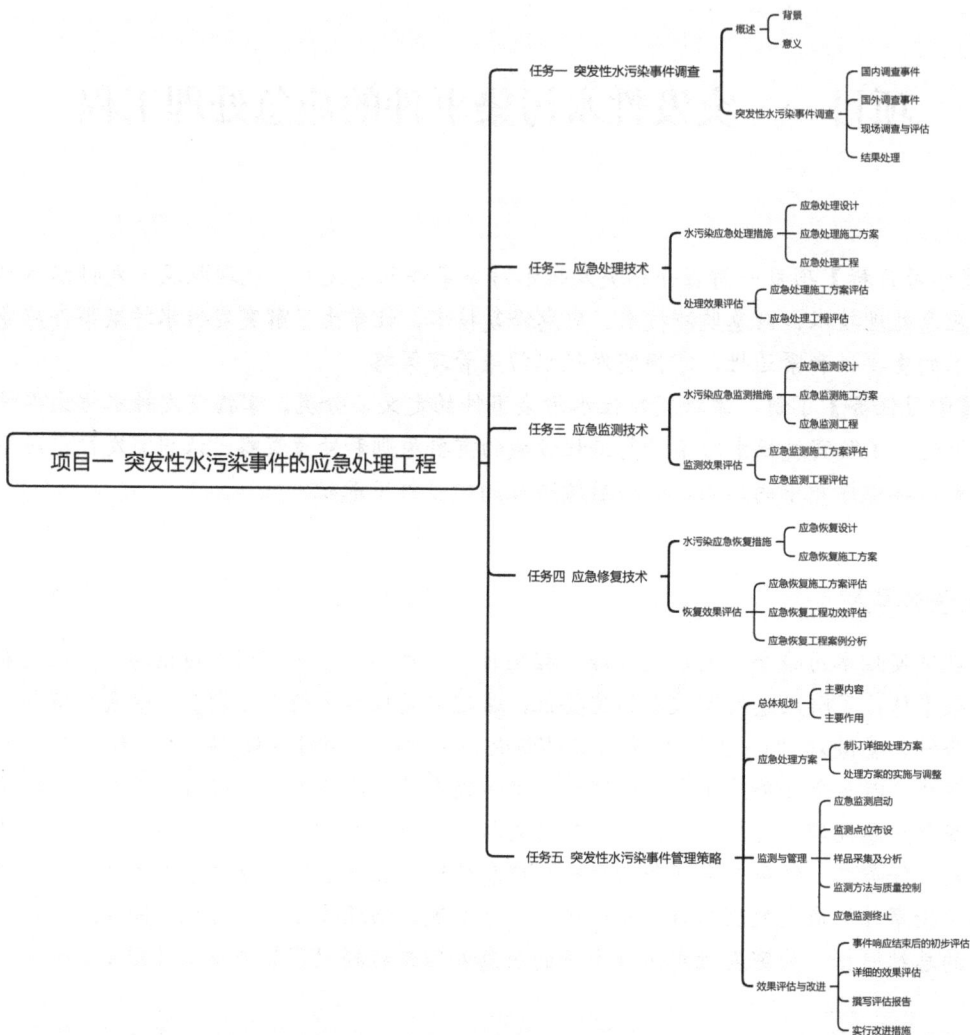

图 1-1 突发性水污染事件的应急处理工程思维导图

一、水污染事件基本特征

1. 水污染物主要特征

污染物种类多、去除特性各异。例如，工业化学品污染物有 60 000 余种，原国家安全生产监督管理总局发布的《危险化学品目录》含 2 800 余类危险化学品，原环境保护部发布的《企业突发环境事件风险评估指南（试行）》（环办〔2014〕34 号）含 310 种污染物，已纳入《地表水环境质量标准》（GB 3838—2002）、《生活饮用水卫生标准》（GB 5749—2022）等标准的污染物有 90 多种。

污染物超标倍数大，去除率要求高。例如，2005 年松花江水污染事件中，硝基苯浓度最高超过 GB 3838—2002 中集中式生活饮用水地表水源地特定项目标准限值（0.017 mg/L）数百倍。

污染特征与突发环境事件发生原因及现场条件直接相关，具有复杂性和不确定性，加之污染物去除影响因素多，往往需要结合每次事件的具体情况现场验证优化污染物去除方法。例如，同样为火灾爆炸事故引起的突发环境事件，2005 年吉化双苯厂特大爆炸事故、2015 年天津港特大火灾爆炸事故和 2019 年江苏响水特大爆炸事故的特征污染物分别为硝基苯、氰化物和苯胺。同样为锑污染事件，2015 年甘肃陇星锑业有限责任公司尾矿库泄漏事件与 2021 年河南省三门峡市石门湖水库锑浓度超标事件相比，除了考虑溶解态锑的去除，还要考虑尾矿砂中锑的去除。

2. 水污染事件分类

依据水污染原因特殊性和突出性，可将水污染事件分为突然排污、累积污染、污染泄漏、养殖污染、交通事故、管道事故、自然灾害和其他污染共 8 种类型。所涵盖的水污染事件主要有：

突发性水体排污，其主要污染方式为违规排放（包括超标排放、偷排、直排）和通过某种方式突发性排放污染物，此类水污染事件由人为控制，具有突发性强、历时短的特点。

累积性水体污染，即在长时间内持续向水体排污，主要由企业、工厂、饭店等长期排放污水和污染物（包括农业废水）造成，往往在长时间的累积下暴发。

非人为主导的污染物泄漏，主要包括船舶燃油泄漏、化学品事故、工厂事故、码头装卸事故、交通事故发生后由于暴雨冲刷或其他原因造成的二次水体污染和一些由于工作人员操作失误造成的污染泄漏等，不包括管道破裂造成的水体污染。

养殖污染，由动物排泄物收集困难、病死动物无害化处理不彻底以及养殖生产中附着物品等对水体造成的污染。

交通事故污染，车辆、船舶等发生交通事故直接造成污染物排入水体，不包括交通事故发生后由于其他原因造成的二次水体污染。

管道事故污染，管道破裂或突发性故障造成的水源严重污染。

自然灾害导致的水体污染，如泥石流、暴雨等极端气象条件使含污雨水及其他废水直接排入水体。

其他污染，包含无法具体归类的污染事件，如水葫芦、藻类等生长引发的藻类污染和人为投毒事件等。

3. 突发性水污染事件的定义与分类

突发性水污染事件通常是指由人为破坏、自然灾害等突发事故引起，无固定排放方式和途径，瞬间排放大量污染物进入水体，导致水资源污染或水质恶化，严重威胁社会经济正常活动的水体污染事件。

突发性水污染事件主要包括工业泄漏、化学品溢出和爆炸事故等。

4. 应急处理技术的重要性

应急处理技术在现代社会中扮演着重要的角色，它涉及在突发事件发生时对事件进行快速、有效的响应和处置，以减少事件对人民生命财产的影响。以下是应急处理技术重要性的几个关键点。

1）提升防灾减灾能力：科学的应急技术与管理可以帮助组织和个人及时应对与处置自然灾害、事故事件或恶劣环境，减少灾害对人员和财产的损害。

2）保障公共安全：在恐怖袭击、突发疫情、交通事故等紧急情况下，合理的应急技术与管理有助于政府和相关机构迅速响应，保护民众的安全与利益。

3）保护环境与资源：应急技术与管理有助于环境和资源的保护，减少环境破坏并合理利用资源，实现可持续发展。

4）提高应急处置速度：在突发事件发生后，应急技术与管理的应用可以帮助组织和指挥人员更快速、更准确地判断形势、协调资源，提高应急处置的速度和效率。

5）最小化灾害损失：通过及时采取应急预案和合理利用应急资源，以及进行科学的风险评估和灾后梳理，能够最大限度地减少人员伤亡和财产损失。

6）提高应对复杂情况的能力：现代社会的突发事件往往复杂多变，应急技术与管理的应用可以帮助应对这些复杂情况。

7）保障经济发展：有效的应急响应能防止社会秩序的混乱和恐慌情绪的蔓延，减少突发事件给社会经济带来的损失。

8）提升公众信任度：在危急时刻，快速有效的应急处理能够提升公众对政府或相关机构的信任度。

应急处理技术不仅是减轻灾害影响和保护公共安全的关键工具，而且对于维护社会稳定和促进经济持续健康发展具有深远的意义。

二、案例分析

1. 南京市秦淮河死鱼事件

背景：2011年5月南京市秦淮河死鱼事件。暴雨将沿岸管道和沟渠内沉积物冲刷入河，并集中排放。水体在短时间内急剧缺氧，导致大面积鱼儿死亡。

应急处理措施：当地政府部门及时采取有效措施，增加武定门闸的下放流量，并推进雨污分流和截污治污工程。"突然排污"事件往往不可预见，没有一定的规律可循，但是最近几年此类污染事件频繁发生，由于其突发性强、历时短，往往会带来较大影响。在处理"突然排污"这类事件时，首先要遵循快速、有效的原则，其次才是经济性。同时，政府应加强建设排污治污工程，提高应对"突然排污"事件的处理能力，加强部门之间的沟通，建立应急监测机制。

应急处理效果：南京市环保局相关人士介绍，从现场查看和对所采水样的初步化验数据来看，此次秦淮河沿线部分河段出现死鱼可能与城东污水处理厂停产维修改造集水井闸门相关。据了解，城东污水处理厂主要收集西善桥、小行和马群片区的截流污水进行处理，每天收集污水量在10万t左右。通过引水稀释和污染源切断，外秦淮河水质明显改善，污染指标下降趋势显著，部分断面水质接近Ⅴ类标准。与此同时，开展死鱼清理工作，累计打捞数万条死鱼，避免了水体富营养化和恶臭扩散。该事件推动了南京建立雨期泵站排水调度机制，明确了暴雨期间的污水排放管控流程，以降低类似事件的发生频率。

秦淮河死鱼事件的应急处理在短期内有效遏制了污染扩散，但其效果受制于基础设施短板和系统性污染问题。事件倒逼南京加速雨污分流工程和跨区域治理机制建设，为后续水质改善奠定了基础。然而，彻底解决秦淮河污染仍需长期投入，包括底泥修复、管网升级和公众环保意识提升。这一案例也为其他城市应对突发水环境污染事件提供了经验：应急响应需与长效治理结合，同时强化公众监督与科学决策的协同作用。

2. 嘉陵江"1·20"甘陕川交界断面铊浓度异常事件

背景：2021 年 1 月 21 日 0 时开始，四川省广元市西湾水厂取水口铊浓度超标，水厂供水安全受到威胁。经排查，污染来自上游甘肃、陕西境内，是一起跨省级行政区域影响的重大突发环境事件。

应急处理措施：按照《国家突发环境事件应急预案》《突发环境事件调查处理办法》的有关规定，生态环境部启动重大突发环境事件调查程序，成立调查组，邀请四川、陕西、甘肃三省生态环境厅和相关专家参加，通过现场勘察、资料核查、人员询问及专家论证，查明了事件原因、事件经过、环境影响、直接经济损失和应对处置等情况，认定了有关责任问题，并提出了整改措施建议。

应急处理效果：嘉陵江甘陕川交界断面铊浓度异常事件发生后，相关政府部门迅速启动应急响应程序，采取了一系列措施进行处理。这些措施包括溯源断源、应急监测、污染控制和饮水保障等。通过这些努力，污染源被成功识别并阻断，污染水体得到了有效处理，水质逐渐恢复达标。具体来说，甘肃、陕西两省的生态环境部门责令涉事企业采取断源措施，并在污染河段构筑拦截坝，分段拦截受污染水体，同时投加沉淀剂、絮凝剂进行处置。此外，两地还铺设管道，将涉事企业排污口上游清水引流至下游安全区域。这些措施使得自 1 月 21 日 20 时起，东渡河水质持续达标；1 月 27 日 2 时起，青泥河入嘉陵江水质达标。

生态环境部和地方政府的及时响应和有效处置保障了沿线群众的饮水安全，并防止了污染进一步扩散。事件处理后，生态环境部还指导相关地区继续做好污染水体处置工作，并及时组织开展事件调查和生态环境损害评估。此外，生态环境部环境应急与事故调查中心对甘肃、陕西、四川三地进行了调研，以提升环境应急能力，并促进区域间的联防联控机制建设。

3. 伊春市的鹿鸣矿业尾矿砂水泄漏水污染应急处理

背景：2020 年 3 月 28 日 13：40，位于黑龙江省伊春市的鹿鸣矿业尾矿库溢流井倒塌，造成 253 万 m³ 矿砂水泄漏，形成尾矿浆汹涌而下。该事故迅速污染了下游依吉密河道和沿岸林地，钼浓度最高超标 8 倍。

应急处理措施：封堵漏点，成功封堵漏点，切断污染源，并对 4 号溢流井进一步加固封堵，确保尾矿库安全；筑坝截污，在依吉密河实施"污染物控制"工程，构筑拦截坝，阻截污水团下移；絮凝沉降，在呼兰河实施"污染物清洁"工程，设置处置点位对污染物进行吸附和絮凝沉淀处置，加速污染物自然沉降过程，降低污染物浓度；全面清污，组织涉事企业和流域沿岸的地方政府，动员人民群众，采取专业化、机械化和人工清除相结合的方式，全面开展河道清污；保障居民饮水安全，铁力市及时关闭了第一水源地，设置临时供水点，并迅速完成第三水厂升级改造工程，保障供水能力。

应急处理效果：监测数据显示，呼兰河钼浓度全线达标，实现了"不让超标污水进入松花江"的应急处置目标。此外，伊春市政府副秘书长表示，下一步将继续监测河流水质，全面开展环境事件调查，并依法依规严肃追责问责。环境应急专家组成员也指出，应急处理后的水中，钼的含量小于 0.07 mg/L，符合饮用水的标准，不会影响居民的饮用水安全。

4. 松花江水污染事件

背景：2005 年 11 月 13 日，中国石油天然气股份有限公司吉林石化分公司双苯厂硝基苯精馏塔发生爆炸，造成 8 人死亡，60 人受伤，直接经济损失 6 908 万元，并引发松花江水污染事件。国务院事故及事件调查组经过深入调查、取证和分析，认定中石油吉林石化分公司双苯厂"11·13"爆炸事故和松花江水污染事件，是一起特大安全生产责任事故和特别重大水污染责任事件。

事后处理措施：为了吸取事故教训，国务院要求各级党政领导干部和企业负责人进一步增强安全生产意识和环境保护意识，提高对危险化学品安全生产以及事故引发环境污染的认识，切实加强危险化学品的安全监督管理和环境监测监管工作。要求有关部门尽快组织研究并修订石油和化工企业设计规范，限期落实事故状态下"清净下水"不得排放的措施，防止和减少事故状态下的环境污染。要结合实际情况，不断改进本地区、本部门和本单位《重大突发事件应急救援预案》中控制、消除环境污染的应急措施，坚决防范和遏制重特大生产安全事故和环境污染事件的发生。

应急处理效果：水质改善，到12月25日，监测数据表明硝基苯和苯浓度低于国家地表水标准。公众安全保障，通过采取有效的监测和应急措施，沿江两岸没有出现因误饮受污染的江水引起的人畜中毒事件。环境修复和预防规划，制定了松花江水污染防治中长期规划，旨在解决松花江沿江人民的实际问题，并加强环境监测体系和执法能力建设。

任务一　突发性水污染事件调查

一、概述

1. 背景

随着我国工业化和城市化进程的持续推进，水环境面临的风险日益加剧，突发性水污染事件的频率和影响程度不断上升。这类事件常由化工企业事故、交通运输泄漏、尾矿库溃坝、自然灾害等因素引发，具有突发性强、波及范围广、污染扩散迅速等特点。一旦发生，不仅威胁水资源安全和生态系统健康，还可能严重影响居民生活用水和区域社会稳定。

突发性水污染事件调查是应急处置体系的首要环节和关键基础。对事件发生的背景、污染源、污染物种类及其浓度分布、扩散路径和受影响范围等要素进行全面调查，有助于快速掌握污染态势，为制订科学的应急处理方案提供数据支撑。本任务旨在引导学生掌握突发性水污染事件调查的基本流程与方法，强化其风险识别与初步响应能力。

本任务将围绕国内外典型突发水污染事件展开分析，剖析其成因、响应过程与调查关键要点。通过学习，学生将理解事件调查在污染防控与应急处置中的核心作用，掌握水样采集、水质监测、污染源识别、数据分析与报告编制等基本技能，具备在实际事件中组织开展调查与初步评估的能力。

2. 意义

突发性水污染事件调查是应急响应工作的首要环节，也是制订科学处置方案的基础保障。该任务旨在指导学生系统掌握突发水污染事件中调查工作的基本流程、关键要素与技术方法，提升对事件发生机制和污染影响的认识，建立科学严谨的调查与评估思维。

在突发水污染事件中，污染物往往快速扩散，污染源复杂多变，只有通过及时、准确的现场调查，才能有效判断污染物种类、浓度分布、影响范围和潜在风险，为后续的应急处理、监测和修复提供数据支撑和决策依据。

本任务将通过对典型案例的梳理与分析，结合实际操作步骤，如现场勘查、水样采集、水质指标测定、污染路径识别与数据报告编制，训练学生掌握水污染事件调查的核心技能，重点强化事件调查的系统性、科学性和实用性，推动学生从发现问题到分析问题的能力提升。

通过本任务学习，学生不仅能了解突发水污染事件调查的技术路径与评估要点，更能初步具备独立参与突发环境事件初期响应调查的专业素养，为后续应急处置、监测和修复等环节打下扎实基础。

二、突发性水污染事件调查

（一）国内调查事件

1．典型事件

河南洛阳应用"　河一策一图"妥善处置尾矿库泄漏次生突发环境事件。

事件背景：2024 年 1 月 14 日，洛阳市嵩县一尾矿库溢流井发生倾斜坍塌，尾矿砂水泄漏进入德亭河，下游约 18 km 汇入伊河，约 42 km 为洛阳市市级水源地——陆浑水库，区位极其敏感。因污染物泄漏，洛阳市立即启动应急响应，围绕将污染控制在德亭河的目标开展应急处置。

2．应急处理措施

（1）封堵源头

洛阳市迅速制订实施尾矿库封堵方案。事发当天在排水隧洞下游构筑 4 道拦截坝，把大部分泄漏尾矿砂水拦截在流入德亭河前的支沟内，1 月 15 日起无尾矿砂水继续流入德亭河。

（2）截污引流

洛阳市按照"一河一策一图"，连夜组织在事发点至德亭河入伊河前修筑 11 道临时坝，将污染水源拦截在事发点至下游 12.7 km 范围内。同时，在事发点德亭河上游修筑 3 道拦截坝，截流清水并将清水引至周边田地灌溉；在支流左玉川河修筑拦截坝，截流上游清洁来水。

（3）投药降污

在污染团被有效拦截后，确定窑沟桥为应急投药点。在生态环境部华南环境科学研究所（应急所）专家指导下，洛阳市迅速建成溶药、储药、投药工程，自 1 月 16 日 18：00 左右开始投药，同步除钼降浊，达标下泄。通过近 48 小时的努力，拦截污染水体被全部处置完毕。

（4）河道清理

洛阳市按照应清尽清、能清则清的原则，以尾矿砂入河点下游 5.5 km 为重点，通过开沟、晾晒（沥水）、清运的程序，对泄漏尾矿砂浆进行清理。1 月 23 日完成清理，受影响河道恢复自然径流，事件应急响应终止。

（5）处理效果

洛阳市践行"以空间换时间"的水环境应急理念，迅速修筑临时拦截坝拦截污水、引流清水，并在合适位置对污染水源投药处置，历时 9 天妥善处置这起敏感突发环境事件，有效检验了"一河一策一图"成效。下一步，河南省及洛阳市将认真复盘案例，优化"一河一策一图"并强化演练应用,筑牢生态环境安全底线。

(二)国外调查事件

1. 典型事件

美国墨西哥湾"深水地平线"石油钻井平台爆炸泄漏事故。

事故背景:2010年4月20日22:00左右(美国中部时间),正在美国新奥尔良东南130英里①处作业的瑞士越洋钻探公司(Transocean)所属、英国石油公司租用的石油钻井平台深水地平线发生爆炸并着火。4月22日,钻井平台沉入墨西哥湾,随后大量石油泄漏入海,溢油量估计达350万加仑(约合1 324.75万L,1万多t)。事故导致11人失踪,17人受伤。

2. 国外处理经验

受污染的河道应急处置情景:河道水量通常较大,污染带流至下游关键断面(饮用水水源地、出境断面、入河入海断面)的时间往往只有几天时间,甚至更短。为减少污染带的影响范围,缩短应急处置时间,水污染物去除通常采取可短时间内见效的物理化学处理技术。

1)筑坝关闸拦截,改善河道沉淀条件,促进悬浮污染物的沉淀去除。

2)利用围油栏促进油污上浮。

3)通过投加水处理药剂或活性炭等吸附剂,使污染物沉淀或被吸附,由水相转移至固相,从而实现污染物的去除。

受污染的自来水厂应急处理治理思路:由于水处理设施都经过防渗处理,且不存在水生生物保护问题,加药、混合、沉淀、过滤和监测设施较为完备,因此可采用活性炭吸附、化学沉淀以及化学氧化法和曝气吹脱法等技术去除污染物。但由于自来水厂通常不设生物处理单元,且生物处理单元启动时间较长,因此一般不考虑生物处理技术。在污染物去除过程中要避免引入新的污染物,如硫化物沉淀法会向水中引入硫化物,在自来水厂的应急处理中较少采用,造成盐度大幅升高的去除技术在自来水厂应急处理中也较少采用。

受污染水的工业园区污水处理厂应急处理治理思路:受污染水来自工业园区突发事件处置过程,通常具有污染物浓度高、组成复杂、毒性强等特点,与正常生产条件下产生的工业废水具有明显差异,一般不能直接采用园区污水处理厂进行处理,通常需要对受污染水进行预处理,使其中的污染物浓度和毒性水平满足进水要求后,再利用园区污水处理厂进行处理。或者经污水处理厂部分处理单元强化后进行处理,如向生物处理单元投加活性炭以提高对有毒有机物的耐受能力,增加曝气量以提高系统的处理负荷,改变药剂配方提高混凝沉淀单元的处理能力等。由于园区污水处理设施都经过防渗处理,且具有物化、生化等多种不同类型的处理单元,具有事故池和调节池等多种备用设施,具有废气、污泥收集处理设施,因此污染物去除技术的选择余地更大。其技术选择的关键在于针对不同污染程度和污染物组成的废水采取不同的处理措施,从而降低受污染水的处理成本。

---

① 1英里(mi)=1.609 344 km。

（三）现场调查与评估

1．准备阶段

明确调查的目标，选择具有代表性的河流、湖泊、水库等水体作为调查对象；制订详细的调查计划，包括采样点的选择、采样频率、所需监测的水质指标等。

2．现场调查

1）采样点设置：根据调查目的选择合适的采样点，考虑水流方向、污染源位置等因素。

2）样本采集：按照既定方案采集水样，注意采样容器的清洁和采样深度，以保证样本的代表性。

3）现场测量：使用便携式仪器直接在现场测量水质参数，如 pH、溶解氧、电导率等。

3．实验室分析

1）样本保存：将采集的水样妥善保存，防止污染和变质，尽快送往实验室进行分析。

2）水质指标分析：在实验室中通过化学分析、生物分析等方法测定水质指标，如化学需氧量（COD）、氨氮、总磷等。

4．数据分析

1）统计分析：对收集到的数据进行统计处理，计算平均值、极差、标准偏差等统计参数。

2）污染源分析：根据水质数据和现场调查结果，分析污染的可能来源。

5．评估与报告编制

评估水体的污染程度，判断是否达到相关水质标准；编写调查报告，总结调查结果，提出污染治理建议和改善措施。

6．后续监测与评估

1）持续监测：对重点污染区域进行定期监测，跟踪污染变化趋势。

2）效果评估：对已实施的污染治理措施进行效果评估，调整治理策略。

在进行现场水污染调查与评估时，可以采用传统监测方法、现场检测方法、遥感技术以及新兴的监测与评估方法，如生物传感技术、传感器技术、机器学习和人工智能技术等，这些方法的选择和应用取决于调查的具体需求与资源条件。

（四）结果处理

对监测数据进行清洗，剔除明显异常值，并检查数据完整性和一致性。对数据进行质量评估，确保每项指标符合监测标准和精度要求。利用统计和数学模型分析污染扩散趋势，预测未来污染风险区域和程度。应用机器学习技术（如随机森林、支持向量机）识别复杂污染源关系或预测潜在污染事件。结合地理信息系统（GIS）技术制作水质分布图，直观展示污染扩散范围和浓度分布。通过叠加污染源分布、人口密度和水文数据，评估污染对生态系统和人类健康的综合影响。在报告中明确污染成因、影响范围及程度，为地方政府和生态环境部门制定针对性的治理措施提供科学依据；给出政策建议，包括工业排放管理、水污染应急机制完善等内容。

任务二　应急处理技术

一、水污染应急处理措施

（一）应急处理设计

1）确定污染源和类型：通过监测和调查确定污染源与污染物的类型，如有害化学物质、微生物、重金属等。

2）通知相关部门和责任人：立即通知生态环境部门、水务部门和其他相关部门，并通知责任人负责处理和采取应急措施。

3）制定应急预案：根据污染类型和程度，制定相应的应急预案，包括人员安全、污染扩散控制、污染源切断等方面的措施。

4）保护人员安全：确保人员在处置过程中的安全，采取必要的防护措施，如佩戴防护服、口罩和手套等。

5）控制及清除污染：采取措施控制污染扩散，并尽快清除污染物。可以运用物理方法、化学方法或生物方法等进行清除，最小化对水体和生态环境的损害。

6）监测与评估：在清除污染后，对水体进行监测和评估，确保处置效果符合环保标准，并及时向相关部门报告。

（二）应急处理施工方案

以嘉陵江事件为例，编制应急处理施工方案。

1. 编制施工计划

（1）明确施工目标与任务

详细了解嘉陵江水污染的情况，包括污染区域、污染物种类、污染程度等信息，确定施工需要达到的具体目标，如控制污染扩散、净化水质到一定标准等。将总目标分解为具体的任务，如污染源控制、污染水体处理、生态修复等，并明确各项任务的先后顺序和相互关系。

（2）进行现场勘查与评估

组织专业人员对污染现场进行全面勘查，收集现场的地形地貌、水文地质、周边环境等资料。评估施工场地的条件，如交通便利性、水电供应情况、施工空间等，以及可能对施工产生影响的因素，如天气条件、周边居民活动等。

（3）确定施工方法与技术

根据污染类型和现场条件，选择合适的施工方法和技术。例如，对于化学污染，可采用中和、沉淀、吸附等方法；对于生物污染，可采用生物处理技术等。确定施工所需的设备、材料和工具，并列出详细清单，同时考虑设备的租赁、采购和运输等问题。

（4）制订施工进度计划

根据任务的难易程度和时间要求，合理安排施工进度。将施工过程划分为若干个阶段，如准备阶段、污染源控制阶段、污染水体处理阶段、收尾阶段等，并确定每个阶段的开始时间和结束时间。绘制施工进度横道图或网络图，直观地展示各项任务的时间安排和相互关系，明确关键路径和关键工序，以便对施工进度进行重点监控和管理。

（5）安排施工人员与资源

根据施工任务和进度计划，确定所需的施工人员数量和工种，如施工管理人员、技术人员、工人等，并明确各自的职责和分工。制订资源调配计划，包括材料、设备、资金等的供应和调配方式，确保施工过程中资源的充足和及时供应。同时，要考虑资源的合理利用，避免浪费。

（6）制定质量控制与安全保障措施

建立质量控制体系，制定施工质量标准和检验方法，对施工过程中的各个环节进行质量监控，确保施工质量符合要求。例如，对处理后的水质进行定期检测，对施工材料和设备进行质量检验等。制定安全保障措施，识别施工过程中可能存在的安全风险，如触电、中毒、坍塌等，并采取相应的防护措施，如设置安全警示标志、配备个人防护用品、进行安全培训等，确保施工人员的安全和施工的顺利进行。

（7）考虑环境与生态保护

在施工计划中纳入环境保护措施，尽量减少施工对周边环境的影响。例如，采取防止水土流失、噪声控制、废水处理等措施，避免施工过程中产生新的污染。对于可能对生态系统造成破坏的施工活动，制订生态修复计划，在施工结束后及时进行生态恢复，如植被种植、水生生物投放等。

（8）制定应急与备用方案

考虑到施工过程中可能出现的意外情况，如天气突变、设备故障、污染情况恶化等，制定相应的应急方案，明确应急处理的流程和责任人员，确保能够及时应对突发情况，减少损失。准备备用方案，如备用的施工方法、设备和材料等，以便在原方案无法实施或效果不佳时能够及时切换，保证施工的连续性和有效性。

（9）审核与批准施工计划

将编制好的施工计划提交给相关部门和专家进行审核，听取他们的意见和建议，对计划进行修改和完善。审核通过后，由相关负责人批准施工计划，使其成为指导施工的正式文件。在施工过程中，要严格按照施工计划进行组织和管理，同时根据实际情况适时对计划进行调整和优化。

2．组织施工队伍

组建专业施工队伍，确保各项处理措施的顺利实施。

（1）溯源断源

1月21日至23日，四川、陕西、甘肃三省组织对嘉陵江干流和相关支流、相关企业开展溯源监测，判断铊污染来自上游陕西和甘肃境内的东渡河、青泥河及其支流南河，锁定肇事企业分别是位于南河的成州锌冶炼厂和东渡河的略阳钢铁厂。1月21日6：00，陇南市组织对成州锌冶炼厂污水排口完成封堵，切断了污水外排通道，17：00对企业实施停产整改。1月23日17：00，汉中市组织对略阳钢铁厂球团车间实施停产，并对厂区内积水、积尘、淤泥进行清理，1月25日完成17个雨水排口的封堵，切断了污染排放的途径。

（2）应急监测

事件发生后，中国环境监测总站迅速协调四川、陕西、甘肃三省环境监测部门，按照"统一采样标准、统一前处理方法、统一分析方法、统一数据和报告格式、统一研判模型"的"五统一"原则开展应急监测。截至 2 月 2 日，累计投入监测人员 520 余人，仪器设备近 40 台套，出动车辆 150 余辆，出具监测数据 5 万余个，编制应急监测报告 682 期，为应急处置和决策提供了重要技术支撑。

（3）污染控制

陕西省境内共设置 23 道围堰对污染水体进行拦截，铺设 2.5 km 的输水管道导流东渡河上游清洁来水。在青泥河、东渡河分别设置 3 个、4 个工程削污点位，充分利用围堰、桥梁等设施，投加混凝剂、絮凝剂等对污染物进行多级削峰。

甘肃省境内共构筑 10 座拦污坝对污染水体进行拦截，同时设置 4.5 km 导流渠、4 km 导流管道，导流企业排污口上游清洁来水。在南河、青泥河分别设置 4 个加药点，投加混凝剂、絮凝剂等削减污染物浓度。

（4）饮水保障

1 月 21 日 0：30，四川省广元市启动供水应急预案，调整白龙水厂、西湾水厂对城区供水比例，组织西湾水厂实施低压供水和原水微污染净化工程，投加活性炭、絮凝剂净化水质。启用香颂湾、城北水厂等应急水源，对学校、医院、监狱等重点用水单位和高边远小区按需送水 17 余车次，送水量约 340 t，保障群众正常生产生活。

（三）应急处理工程

1. 工程实施步骤

（1）实施隔离措施，防止污染物扩散

确定污染物的性质、浓度、毒性以及可能的扩散途径和影响范围；根据污染物的特性和潜在影响，设立清晰的隔离区域，确保隔离区内外有明显的界线；在隔离区周围设置明显的警示标志，告知非授权人员不得进入；控制人员和车辆的进出，只允许经过适当培训和配备个人防护装备的人员进入隔离区；实施个人防护措施，确保所有进入隔离区的人员穿戴适当的个人防护装备，如防护服、手套、口罩、护目镜等；如果可能，使用空气净化设备或封闭系统来控制隔离区内的空气流动，防止污染物扩散到外部环境；定期监测隔离区内污染物的浓度，确保其处于安全水平；对隔离区内产生的废弃物进行分类处理，确保不会造成二次污染；制订应急响应计划，以便在发生泄漏或其他紧急情况时迅速采取行动；对所有参与隔离工作的人员进行培训，确保他们了解隔离措施和应急程序，并定期进行演练；监督隔离措施的实施情况，定期审查和更新隔离计划，以适应新的挑战和变化。

（2）使用吸附材料，吸附水中的污染物

吸附材料是用来从液体或气体中去除污染物的物质，它们通常具有多孔结构和大的比表面积，以便有效吸附污染物。常见的吸附材料包括：

1）活性炭：具有高度的孔隙率和大比表面积，能够吸附多种有机物、重金属和异味。

2）纳米吸附材料：如碳纳米管、石墨烯、氧化石墨烯等，这些材料因其纳米级结构而展现出超强的吸附能力。

3）纳米氧化物：如纳米零价铁、氧化锰、氧化锌等，这些材料可以用于去除水中的重金属和有机物。

4）改性吸附剂：通过化学或物理方法改性的吸附剂，如改性硅藻土、改性黏土等，以提高特定污染物的吸附效率。

吸附过程通常涉及以下几个步骤：

1）预处理：去除水中的大颗粒杂质和悬浮物，以减轻后续处理设备的负担。预处理方法可能包括沉淀、澄清和过滤等。

2）吸附：将处理后的水与吸附剂混合，污染物通过物理吸附、化学吸附或交换吸附等机制被吸附剂捕获。活性炭吸附是一个常见的例子，它可以有效去除水中的有机物、色素、杂质和异味等。

3）分离：吸附后，需要将吸附剂从处理水中分离出来。这可以通过过滤、离心或磁性分离等方法实现，尤其是对于磁性吸附剂，如磁性石墨烯基金属氧化物复合材料，可以通过磁力轻松分离。

4）再生或处置：吸附剂在达到饱和状态后，可以通过加热、蒸汽或化学试剂进行再生，以恢复其吸附能力。如果吸附剂无法再生，则需要进行适当的处置。

5）后处理：有时为了满足更严格的水质标准，可能需要进行额外的处理步骤，如深度过滤、紫外线消毒等。

（3）投加化学药剂，降解污染物

根据需要处理的污染物类型和浓度，准备相应的化学药剂。例如，对于有机物的氧化降解，可能需要准备氧化剂（如过硫酸盐或过氧乙酸）；调整废水的 pH 至适合化学药剂发挥作用的范围，某些化学反应在酸性或碱性环境下更为有效；将化学药剂按照推荐剂量或通过实验确定的最佳剂量投加到废水中，可以直接投加或先稀释后投加，具体方法取决于药剂的形态和处理系统的设计；投加药剂后，需要充分混合以确保药剂与污染物充分接触和反应，这有助于提高处理效率；在化学反应进行期间，监控关键参数，如药剂浓度、pH、温度等，以确保反应顺利进行；化学反应完成后，可能需要进行后续处理步骤，如絮凝、沉淀、过滤或吸附，以去除反应生成的副产品或进一步净化废水；通过检测处理后的废水样本，评估污染物的降解效率和最终水质是否符合排放标准；根据效果评估的结果，调整药剂种类、投加量或反应条件，以优化处理过程。

2．设备与材料使用

1）生物膜反应器（MBR）：MBR 结合了膜过滤技术与生物处理技术，利用微生物降解有机污染物，同时膜过滤组件帮助去除悬浮固体和某些微生物，非常适合处理复杂的工业废水或由多种污染物组成的突发性污染。优点：MBR 能够高效地去除污染物，处理后的水质优良，可直接排放或用于灌溉。局限性：需要较高的能耗和专业维护，初期投资成本较高。

2）紧急污染隔离技术：使用吸油围栏、浮动屏障或吸附垫等设备快速隔离和控制油类和化学物质泄漏，防止污染物扩散到更广泛的水域。优点：可以迅速部署，有效防止污染物在水体中的进一步扩散，尤其适用于油类和挥发性有机化合物泄漏。局限性：这种技术主要用于初期应急响应，隔离后还需要进一步的清理和治理措施。

二、处理效果评估

（一）应急处理施工方案评估

（1）应急处理施工方案

应急处理施工方案是指在建筑施工过程中，为了应对可能发生的突发事件或紧急情况，预先制定的一系列系统的处理流程和措施。这些方案通常包括应急组织机构的建立、风险评估、应急响应计划、应急物资和设备的储备、人员培训和演练、预案的启动和终止，以及后期处理等内容。应急处理施工方案的目的是确保施工安全，保护人员生命和财产安全，减少损失，并尽快恢复正常施工秩序。

（2）评估方法

评估施工现场应急处理方案的有效性通常涉及对预案的可操作性、应急处理效果、应急队伍调动速度等方面的详细调查和分析。通过定期进行预案执行效果评估，可以及时发现问题和薄弱环节，并根据评估结果进行预案的修订和完善。

（3）评估标准

施工现场应急处理的标准可能包括国家相关法律法规、行业标准规范、企业内部管理规定等。这些标准可确保应急处理工作符合法定要求，遵循最佳实践，并能够适应特定施工环境的特殊要求。在制订和实施应急处理方案时，应严格遵守这些标准，以确保方案的合法性和有效性。

（二）应急处理工程评估

1．水质恢复指标

（1）关键污染物浓度达标情况

对事件中涉及的主要污染物（如重金属、氨氮、COD、总磷等）进行持续监测，评估其是否稳定达到国家相关标准［如《地表水环境质量标准》（GB 3838—2002）等］，确保污染物已降至安全范围。

（2）水体功能恢复程度

对照水体原有功能（如饮用水水源地、渔业水域、生态保护区等），评估其水质是否恢复到相应的功能标准要求，确保其具备继续履行生态与社会功能的能力。

2．污染控制指标

（1）污染源封堵与隔离效果

检查是否已实现污染源的彻底切断，评估事故点是否存在污染残留或二次渗漏风险，确保污染输入通道有效控制。

（2）污染物削减效率

通过应急处理中采用的技术（如物理隔离、化学沉淀、絮凝、吸附等）对比前后污染物浓度变化，量化污染物削减比例，评价处理技术的有效性与适用性。

3．生态恢复指标

（1）生物多样性状况变化

通过调查水体中浮游植物、浮游动物、鱼类等关键生态指示物种的种类组成与数量变化，评估生态系统的初步恢复情况。

（2）生态功能修复效果

分析水体的自净能力、水质营养结构和食物链稳定性，判断其生态运行机制是否恢复正常。

（3）底栖生物恢复水平

监测底泥污染改善情况及底栖动物种类与数量变化，评估污染物在底泥中的滞留及生态风险削减程度。

4．风险评估指标

（1）潜在二次污染风险

分析污染物在沉积物、水生生物及沿岸环境中的残留情况，判断是否可能引发后续二次污染，需提出相应监测预案与管理建议。

（2）水质波动与反弹风险

跟踪评估污染物浓度在短期内是否存在波动或回升现象，识别处理后水体的稳定性与未来变化趋势，防范"回潮式"污染反复。

任务三　应急监测技术

一、水污染应急监测措施

（一）应急监测设计

1．明确监测步骤

突发性水污染事件应急监测技术设计是一个系统的过程，旨在确保在水污染事件发生时能够迅速、准确地进行监测，以便采取相应的应急措施。以下是设计突发性水污染事件应急监测技术的具体步骤。

1）确立应急监测的启动条件和工作原则，确保监测活动能够及时响应事件。通过初步调查和分析，判断污染的性质、程度和潜在影响范围。根据污染物特性，确定监测指标，如重金属、有机污染物等。根据污染态势初步判别的结果，设计应急监测方案，包括监测点位的布设、监测指标的选择、监测频次的确定以及所需监测设备和人员的准备。

2）在应急监测期间，根据监测数据和污染态势的变化，动态调整监测计划，确保监测的连续性和有效性。收集监测数据，分析污染趋势，编制应急监测报告，为应急决策提供科学依据。确保监测数据的准确性和可靠性，实施严格的质量控制措施。

3）当监测数据表明污染已经得到控制或不再构成威胁时，提出应急监测终止的建议，并根据应急指挥部的决定终止监测。应急监测终止后，根据需要组织开展跟踪监测，以评估长期影响和恢复情况。

2．选择监测方法

应急监测方法要做到广谱、便携、快速，要快速识别出污染物的种类，进而确定污染浓度，确定污染的空间边界和时间边界。

（1）便携式水质分析实验室

便携式水质分析实验室以哈希 DR2800 为例。该仪器为便携式分光光度仪，适用于水质重金属的测定。便携式水质分析实验室具备准双光束分光光度计；内置 240 多个水质测试方法的应用程序；测定迅速，可直接读取浓度值；可实现超低量程分析；具有数据存储功能。

（2）便携式重金属分析仪

便携式重金属分析仪以 PDV6000plus 便携式重金属分析仪为例。该仪器采用阳极溶出法，是一种快速精确测定重金属离子浓度的工具，可以用于溶液中重金属离子的现场筛查和实验室分析，操作过程方便。

（3）便携式阳极扫描溶出伏安法

便携式阳极扫描溶出伏安法可以分析的重金属污染物主要有汞（Hg）、镉（Cd）、铅（Pb）、铬（Cr）、镍（Ni）、银（Ag），以及铜（Cu）、锌（Zn）等金属离子。该仪器轻便、制作成本低，适合影响范围小的污染事故识别监测。

（4）快速试纸和重金属离子快速试剂比色管法

快速试纸适用于受污染水体中银、铬、铜、镍等金属离子浓度的快速测定；重金属离子快速试剂比色管法是基于水样与试剂发生显色反应，对照标准，辨别其颜色深浅，半定量地确定待测金属离子的浓度。该方法的优点是成本低廉、操作简便，缺点是检出限较高，只可作定性参考。

（5）应急监测车

应急监测车配有小型的原子发射光谱仪和原子吸收仪，可以快速识别和准确监测重金属污染物。应急监测车适用于大范围、流域性、跟踪性的重金属污染事件，缺点是造价昂贵，不利于普及使用。

（二）应急监测施工方案

1．编制施工计划

1）制订详细的应急监测施工计划，包括监测目标、监测点位、监测项目、监测频次、所需设备和人员配置、时间表和预期成果。

2）确定监测数据的记录、分析和报告流程，确保数据的准确性和及时性。

2．组织施工队伍

1）组建专业的应急监测团队，包括技术人员、操作人员和后勤支持人员。对团队成员进行应急响应培训，确保他们了解监测程序、安全措施和紧急情况下的应对策略。根据监测计划在现场设置监测站点，安装必要的监测设备。确保所有监测设备均已校准并处于良好工作状态。

2）按照预定计划进行现场监测，包括水质参数的测定、样品采集和现场分析。实时监控污染状况，及时调整监测方案以适应现场变化。对收集的监测数据进行分析，评估污染程度和潜在影响。编制监测报告，及时向上级应急指挥部和相关部门报告监测结果。

3）应急响应与处置：根据监测数据和现场情况，协助制定应急响应措施，如污染源控制、水质净化和受影响区域的隔离。参与应急处置行动，确保污染得到有效控制。事件结束后进行事后评估，总结应急监测和处置经验。根据评估结果对应急监测方案进行修订和优化，提高未来应对类似事件的能力。

（三）应急监测工程

1. 工程实施步骤

1）在确认水污染事件发生后，立即启动应急监测程序，遵循快速反应、准确监测、科学分析和有效沟通的原则。通过现场调查和初步监测数据分析，判断污染物种类、污染程度和污染范围，以便制订相应的监测计划。根据污染态势初步判别的结果，设计监测点位、监测频率和所需监测指标，确保监测覆盖关键区域和敏感点。

2）派遣采样团队前往指定检测点位，按照标准操作程序采集水样，并确保样品的代表性和完整性。将采集的样品运送到实验室或使用现场应急监测设备进行分析，检测污染物浓度和其他相关水质参数。

3）对监测数据进行处理和分析，编制监测报告，报告内容应包括污染带前锋、污染团长度和范围、污染团浓度峰值等，并评估应急处置工程效果和预测污染扩散趋势。在整个监测过程中实施严格的质量控制措施，确保监测数据的准确性和可靠性。当连续监测结果达到评价标准或要求，或者应急专家组认为可以终止应急监测时，提出应急终止建议，并根据应急指挥部的决定终止监测。

2. 设备与材料使用

1）根据监测需求和现场条件，选择合适的监测设备，如便携式或车载监测设备、电感耦合等离子体光谱仪（ICP）、气相色谱-质谱联用仪、生物毒性分析仪等。在监测点位安装或设置监测设备，进行必要的调试，确保设备正常运行。

2）使用专用采样器具，按照标准操作程序采集水样，并注意采样的安全性和代表性。将采集的样品迅速转运到实验室或现场应急监测车，避免样品在运输过程中发生变质或污染。

3）在实验室或现场进行样品分析，按照分析方法和操作规程进行操作，确保数据的准确性。将分析结果记录并及时传输给应急监测中心，以便进行数据处理和分析。

另外，X 射线荧光光谱仪（XRF）是通过分析样品中元素的特征荧光信号，快速检测污染物种类和浓度的设备。同位素分析仪通过测量污染物中稳定同位素的组成比例，帮助识别污染来源。高分辨质谱仪（HRMS）可精确测量有机污染物分子质量，用于痕量污染物检测与溯源。便携式拉曼光谱仪能快速识别污染物的分子振动特性。红外光谱仪（FTIR）可分析样品吸收的红外光谱特征，用于有机污染物检测。无人机与遥感设备用于水污染区域的大范围监测。

二、监测效果评估

（一）应急监测施工方案评估

1. 评估指标和标准

污染物的种类和浓度，污染带的范围和移动速度，水质本底值与污染水平的比较，对敏感目标（如饮用水水源地）的影响。

2．评估方法

根据监测数据和现场情况，初步判断污染的范围和程度。确保监测数据的准确性和可靠性，包括仪器校准、样品复测、质控样本的分析等。整理监测数据，分析污染物的时空分布，编制详细的监测报告。当监测数据表明污染已得到有效控制，且不再对环境和公众健康构成威胁时，可以提出应急监测终止的建议。

（二）应急监测工程评估

1）监测方案设计：根据事件的具体情况，设计监测方案，包括监测点位的布设、监测频次、监测指标的选择等。监测点位应能够准确反映污染源的移动情况和污染物浓度的变化。

2）样品采集：根据监测方案，派遣采样人员前往指定监测点位进行水样采集。采样过程中应注意安全和代表性，确保样品的质量。

3）分析测试：将采集的水样带回实验室或使用现场应急监测车进行分析测试。根据监测指标的不同，选择合适的分析方法和设备。

4）数据处理与报告编制：对分析测试得到的数据进行处理，编制监测报告。报告应包含污染带前锋、污染团长度和范围、污染团浓度峰值等信息，并根据实际情况评估应急处置工程效果。

任务四　应急修复技术

一、水污染应急恢复措施

1．应急恢复设计

应急恢复是突发性水污染事件响应中的关键阶段，旨在全面修复受损水环境，恢复生态系统功能，并防止污染的长期影响和二次扩散。科学设计恢复方案应包括确定恢复目标和选择合理的技术手段两个核心方面。

（1）确定恢复目标

应急恢复的首要目标是实现污染水体水质的稳定达标，使其重新具备原有生态功能和使用功能，如饮用水水源、渔业水域或景观功能水体等。此外，还应控制潜在的生态风险，恢复生物多样性和生态平衡，保障公众健康与区域环境安全。

（2）选择修复技术

根据污染物类型、水体特征及生态敏感性等因素，选择适宜的恢复技术。常用技术包括物理恢复技术，如筑坝截污、底泥疏浚、人工增氧等，用于去除沉积污染物、提升溶解氧等；化学恢复技术，如投加混凝剂、氧化剂、中和剂等，促进污染物降解、沉淀或去除；生态修复技术，如构建人工湿地、种植水生植物、放流鱼类等，利用自然生态过程提升自净能力。

2．应急恢复施工方案

恢复施工需遵循"快速响应—科学实施—持续评估"原则，主要包括以下步骤。

（1）污染控制与隔离

通过拦截坝、围堰、导流渠等工程措施封闭污染源，防止污染物继续扩散，为后续修复提供稳定环境基础。

（2）水体净化与底泥治理

依据水质监测结果，选择适宜的水体净化方法，如投加絮凝剂去除重金属，或使用吸附剂降低 COD、氨氮等指标。对重度污染河段可开展底泥疏浚或稳定化处理。

（3）生态系统恢复

在污染得到控制后，逐步恢复水生植被、投放生态修复物种，重建食物链结构，恢复水体生态平衡。

（4）分阶段监测与评估

每一阶段实施后需开展水质、生物和底泥指标的跟踪监测，确保修复过程符合预期目标，并为调整后续施工提供依据。

二、恢复效果评估

应急恢复效果评估是判断治理成效、优化修复策略和推动生态安全管理的重要工具，主要从以下两个维度展开。

1. 应急恢复施工方案评估

（1）评估指标

1）水质改善程度：关键污染物（如 COD、重金属、氨氮等）浓度变化是否达到目标标准。

2）响应与组织效率：资源调度是否及时，应急响应系统是否高效，协同机制是否顺畅。

（2）评估方法

比较污染前后监测数据，建立污染物削减模型；利用污染物扩散模拟工具评估残留污染及其生态风险；结合专家论证与现场调查，形成技术性评估结论并编制总结报告。

2. 应急恢复工程功效评估

1）生物指标评估：如浮游植物、底栖生物、鱼类等生态指示物种是否恢复。

2）功能恢复分析：水体是否重新具备其原有用途，如饮用、农业灌溉或生态保护。

3）系统稳定性评估：生态系统是否已具备较强的自净能力，避免污染"反弹"。

4）风险控制评估：判断底泥污染残留是否构成二次污染源；分析短期波动性与长期稳定性，提出后续监测与管理建议。

三、应急恢复工程案例分析

2020 年黑龙江伊春鹿鸣矿业有限公司"3·28"尾矿库泄漏事件。

事件概述：2020 年 3 月 28 日，黑龙江省伊春市鹿鸣矿业有限公司尾矿库发生泄漏，导致大量尾矿砂水混合物进入依吉密河，污染范围达 340 km 河道。

污染源：鹿鸣矿业尾矿库排水井因工程质量不合格，导致井架倒塌，尾矿大量泄漏。

环境影响：事件造成依吉密河至呼兰河约 340 km 河道钼浓度超标，铁力市第一水厂停止取水，约 6.8 万人用水受到影响。沿岸部分农田和林地也受到污染。

应对措施：生态环境部、应急管理部和黑龙江省人民政府联合成立调查组，采取封堵泄漏点、构筑拦截坝、投加絮凝剂等措施，控制污染扩散，保障了松花江水质安全。

事件发生后，习近平总书记等党和国家领导人作出重要批示，生态环境部领导同志提出要求，省委召开常委会会议，时任省委书记张庆伟作出安排部署，要求认真践行习近平生态文明思想，站在维护生态安全的角度，坚决贯彻落实党中央要求，确保污水进入松花江前得到有效控制。时任省委副书记兼任省长的王文涛同志组织召开全省安全生产工作电话视频会议，听取伊春鹿鸣矿业尾矿砂泄漏事件处理情况汇报，要求全力做好应急处置工作，防止发生次生灾害，并专程到兰西呼兰河老桥断面处置现场调研，组织召开现场办公会，要求继续加大应急监测，提前谋划好替代水源，专项推进呼兰河流域生态治理。

省指挥部深入践行山水林田湖草生命共同体的整体观、系统观，统筹考虑上下游、左右岸、水土田为事件成功应对提供了根本遵循，事件的圆满处置得益于科学治污的方法论。指挥部建立的指导组把握风向，专家团队技术支撑，指挥部决策执行的"三合一"工作机制，在应急响应中发挥了至关重要的作用，事件的圆满处置得益于集成作战的协同性。

黑龙江省指挥部第一时间构建了高效运转的应急指挥系统，全省生态环境系统紧急调集 500 余人，仅监测战线就在短短一天内，组织 383 名专业骨干赶赴现场，14 个昼夜持续开展应急监测工作，按照统一采样规范、统一分析方法、统一数据分析的原则，在快上求实效，在准上下功夫，在用上求持久。

任务五　突发性水污染事件管理策略

一、总体规划

总体规划是突发性水污染事件应急管理的顶层设计和系统统筹，旨在在事件发生前建立一套科学、高效、协同的应急响应体系，确保在污染事件发生时，能够迅速、有序、有效地展开应急处置，最大限度降低事件对生态环境和公众健康的影响。

1. 主要内容

总体规划通常应包括以下几个关键组成部分。

（1）组织体系构建

建立多部门协同的应急管理组织架构，明确生态环境、水利、卫生、应急管理等单位的职责分工，形成"统一指挥、快速响应、上下联动、横向协作"的应急运行机制。

（2）风险识别与分级预警

对辖区内的重点水体和高风险污染源进行全面调查与评估，建立风险清单，划分风险等级，并建立与之对应的预警响应等级体系。

（3）应急响应程序设计

制定从信息接收、快速判断、启动响应、调配资源、实施处置到善后恢复的标准化操作流程，确保在突发情况下应急反应迅速、高效。

（4）物资与资源保障

明确应急处置所需的关键物资、装备和技术支持内容，建设应急物资储备库，健全物资调度和快速运送机制。

（5）信息管理与联络机制

建立统一的信息收集、报告、发布和联络机制，强化数据共享、实时通报和公众沟通能力，提升信息透明度与社会信任度。

（6）应急演练与能力建设

定期组织模拟演练和人员培训，检验应急预案的科学性与实用性，提升各级部门和人员的实战能力。

2．主要作用

（1）统筹协调应急资源

总体规划通过系统部署和资源整合，实现跨部门、跨区域的联防联控与协同作战，避免各自为政、效率低下的问题。

（2）提升应急反应效率

明确的响应流程和职责体系，使得污染事件发生后可以迅速进入处置状态，显著缩短响应时间。

（3）指导处置技术路径选择

针对不同类型水污染事件制定技术储备方案，为污染监测、阻断、清理和恢复提供决策依据。

（4）降低突发环境风险

通过前期风险识别与动态评估，提前发现隐患、预防事故发生，由被动应对向主动防控转变。

（5）推动制度化和标准化管理

使突发水污染应急工作由应急反应型转向常态管理型，推动建立科学、可持续的环境安全治理体系。

二、应急处理方案

1．制订详细的处理方案

1）完成应急处置后，进行污染物的处置和处理，对受影响的区域进行恢复和修复。对事件原因、影响、应对措施等进行全面调查和评估，总结经验教训。经现场监测人员连续跟踪检测，水污染事件已消除或污染源已得到有效控制，主要污染物指标已达到国家规定标准，现场指挥机构根据专业人员意见，经请示应急领导小组签字同意，发布应急工作结束公告。

2）制作综合分析报告，提交上级部门领导审查，并存档以备未来参考。根据事件处理的经验，及时更新应急预案，加强水源地和环境的保护，以防止水污染的再次发生。

2．处理方案的实施

1）现场评估与污染源识别：首先需要对污染现场进行详细的评估，包括污染物种类、浓度、分布范围以及潜在的环境影响。同时，要迅速追踪和确认污染源。

2）制订应急处理技术方案：根据现场评估的结果，制订相应的应急处理技术方案，可能包括物理隔离、化学处理、生物修复等措施。这些方案旨在有效控制污染扩散并降低环境影响。

3）施工与实施：在确保人员安全和遵守相关法规的前提下，开始实施应急处理技术方案。施工过程中需要监测环境参数，确保处理效果达到预期目标。

三、监测与管理

1）应急监测启动：在发现或预警突发性水污染事件后，立即启动应急监测工作程序，组建应急监测团队，并做好出发前的准备工作。应急监测团队到达现场后，进行初步调查，确定污染物的种类、性质、危害程度以及受影响的范围，并据此制订应急监测方案。

2）监测点位布设：根据污染源移动情况和应急处置措施，建立监测断面动态调整机制。对于河流型突发水环境事件，一般每 10～20 km 布设一个控制断面，必要时根据信息发布要求固定若干个控制断面。

3）样品采集及分析：根据监测方案，采集水样，并注意采样过程中样品的安全和代表性。采样人员应记录采样断面经纬度、采样时间和周边情况等。将采集的样品带回实验室或使用现场实验室进行分析，确保数据的准确性和及时性。根据现场条件，优先选用便携式或车载监测设备进行分析。

4）监测方法与质量控制：采用现场快速监测、在线监测、实验室手工监测方法相结合的方式开展应急监测，并加强质量控制工作，确保监测数据的准确性。

分析监测数据，评估应急处置工程效果，预测污染扩散趋势和对敏感目标的影响，并编制监测报告。报告应经过三级审核，确保数据的准确性和可靠性。

5）应急监测终止：当监测数据满足评价标准或应急专家组认为可以终止应急监测时，提出应急终止建议，并根据应急指挥部的决定终止应急监测。应急监测终止后，根据要求组织开展跟踪监测，以持续监控水质状况。

四、效果评估与改进

1）事件响应结束后的初步评估：收集和整理事件期间所有相关数据，包括污染源信息、受影响区域、污染物种类和浓度、应急响应措施的执行情况等。评估应急响应措施的及时性、有效性和充分性，以及对公众健康和环境的影响。

2）详细的效果评估：利用定量和定性分析方法，对事件处理的效果进行深入分析，包括污染清理效率、水质恢复速度、受影响区域的生态和社会经济影响等。通过对比预定目标和实际成果，评估应急预案的适用性和实施中的不足。

3）撰写评估报告：将评估结果整理成书面报告，包括事件的详细描述、响应措施的评估、存在的问题和建议的改进措施。报告应该清晰、客观，并提供具体的数据支持。组织相关部门和专家召开会议，讨论评估报告，分享评估结果，提出改进意见和建议。会议应该鼓励多方参与，以便集思广益，形成共识。

4）实行改进措施：根据评估会议的讨论结果，制定具体的改进措施，包括修订应急预案、改善监测预警系统、加强应急队伍训练、增强公众意识和参与等。改进措施应当具有可操作性，并明确责任分配和时间表。将改进措施落实到位，确保所有相关部门和人员了解新的要求与程序。进行必要的资源配置和技术更新，以支持改进措施的实施。对改进措施的实施效果进行跟踪，确保其达到预期目标。定期复审应急预案和管理策略，根据新的经验和外部环境变化进行调整。

思考题

1. 试辨析嘉陵江"1·20"甘陕川交界断面铊浓度异常事件中采用的应急处理技术的优缺点。

2. 结合一种典型水污染（如重金属、有机物或石油泄漏），简述三种可行的修复技术及其适用条件。

3. 以一个成功的突发性水污染修复项目为例，概述事件背景、主要修复措施及修复效果，并总结经验。

项目一 小贴士

项目二　新污染物修复工程

【**学习目标**】本项目旨在介绍新污染物修复技术，让学生了解新污染物的背景及其特征、新污染物的检测和处理技术、生态评估和管理策略，认识新污染物修复对生态环境的重要意义。

【**学习任务**】掌握什么是新污染物，以及它的检测和处理技术有哪些，制订生态风险评估计划。了解新污染物修复技术的理论基础和实际应用，掌握常见的新污染物修复技术和评估方法，并能分析新污染物修复的可行性。

📁 任务导入

新污染物通常指那些传统检测方法难以发现或尚未被充分研究的污染物。它们可能来源于工业生产、农业生产、日常生活等多个领域，具有隐蔽性强、危害性大等特点。随着工业化和城市化的迅速发展，各类新污染物逐渐成为全球环境污染的热点问题。这些新污染物包括但不限于药品与个人护理品（PPCPs）、内分泌干扰物（EDCs）、抗生素耐药基因（ARGs）、纳米材料污染物、微塑料以及持久性有机污染物（POPs）等。我们可以用分辨率质谱技术、生物传感器技术、纳米材料辅助检测技术等技术对新污染物进行检测，并制订监测计划，分析数据；也可以通过高级氧化技术、膜分离技术、生物修复技术、新兴处理技术等对新污染物进行处理，并给出新污染物处理方案，同时进行效果监测。在微塑料污染治理上，我们可以采用物理、化学、生物工程治理等技术，同时进行效果监测。由于新污染物复杂的化学性质和广泛的环境影响，新污染物的检测和处理技术面临前所未有的挑战。

在新污染物修复工程项目中，我们将学习何谓新污染物，了解新污染物检测和处理技术，并以瑞士布莱斯水厂供水含新污染物事件、英国海滩热塑性塑料石头污染事件、爱尔兰猪肉二噁英污染事件等为例，结合新污染物修复的实际工程实践，以五个任务为导向介绍新污染物修复的全过程。新污染物调查是修复工作的起点，需要对新污染物进行全面的调查、评估并进行效果监测。新污染物检测技术、处理技术，微塑料污染治理技术将会在任务一、任务二、任务三中依次介绍。任务一、任务二和任务三是新污染物修复工程的核心，直接关系到新污染物的成功修复。任务四是新污染物生态风险评估，能够做到精准防控，具有重要的作用。任务五是新污染物管理策略，通过总体规划和多方协调资源实施污染控制的方式，使新污染物得到有效的控制（图2-1）。

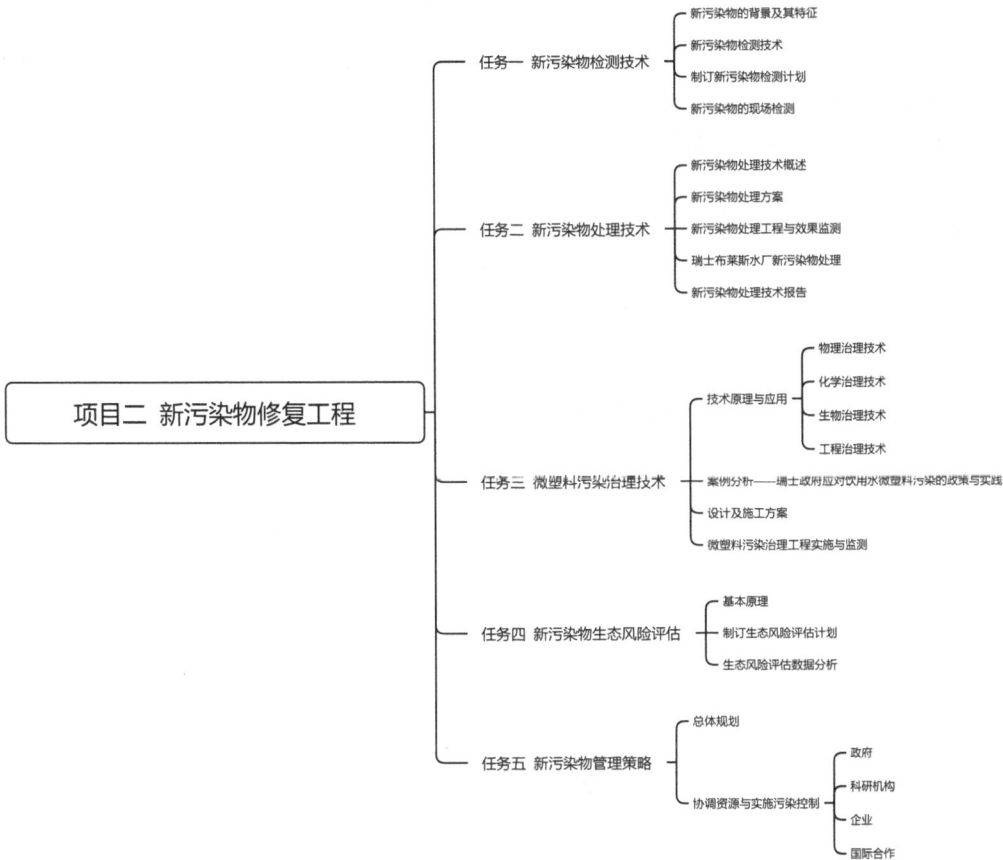

图 2-1 新污染物修复工程思维导图

案例一：瑞士布莱斯水厂供水含新污染物事件

背景：在瑞士一些人口密度较大的地区，制药企业存在新污染物问题。在瑞士布莱斯水厂的供水中检测发现了双氯芬酸、雌激素、抗生素和其他化合物。

措施：该厂采用了臭氧加过氧化氢（$O_3+H_2O_2$）高级氧化技术来处理新污染物。$O_3+H_2O_2$是一种高效广泛的高级氧化工艺，与 $UV+H_2O_2$ 相比，其对难降解有机物和微污染物具有更优异的去除能力，适用于水中 UV-T 紫外线透过率低、TOC 高和对臭氧/溴酸盐出水浓度要求较高的场景。

效果：经处理后发现臭氧对所有的新污染物都有去除效果，且在瑞士布莱斯水厂得到了良好的验证。

案例二：英国海滩热塑性塑料石头污染事件

背景：在英国一些人口密度较大的地区，制药企业存在微污染物问题。在英国海滩上发现的热塑性塑料石头被认为是塑料片熔化或燃烧后进入海里形成的，在海里慢慢风化成灰色的光滑状物体。这些热塑性塑料可能会进入食物链，分解后会产生微塑料，从而威胁海洋食物链。

措施：相关组织和研究人员对这些热塑性塑料进行了研究与分析，以了解它们的来源和对环境的影响。同时，加强对海滩的清理和监测，以减少这些塑料对环境的进一步污染。

效果：由于这些热塑性塑料的数量较多，且分布广泛，清理和监测工作需要长期进行。目前，对于该事件的效果还难以评估，但已经引起人们对海洋塑料污染问题的关注。

案例三：爱尔兰猪肉二噁英污染事件

背景：2008 年末，爱尔兰在猪肉抽样检查中检测出二噁英含量超出安全指标的 200 倍。此次事件的污染源是受到污染的饲料。据调查，可能是烘干机所用燃料泄漏到动物饲料中，导致猪肉被二噁英污染。

措施：召回大量猪肉和猪肉产品，扑杀农场中食用过污染饲料的部分生猪和牛，关闭多家农场；建立食品污染监测体系，加强对饲料和食品的检测与监管。例如，爱尔兰饲料部门与英国女王大学合作启动了"食品堡垒"计划。该计划旨在开发、验证和实施创新技术，以检测和监测各类饲料中的相关污染物，并通过风险样品抽检方法为供应链提供质量保证。利用光谱技术和化学计量学排查饲料是否掺伪，同时开发快速便携的近红外光谱工具，能够低成本检测污染物和毒素，还开发了一种多霉菌毒素分析方法，以确定霉菌毒素的风险。

效果：爱尔兰的"食品堡垒"计划在没有产生额外产业成本的前提下，将所有高风险化学污染物的检测水平提高了 500%以上，该计划已被公认为世界一流的风险管理与饲料质量保证计划；帮助爱尔兰树立了"世界粮食生产最安全的供应链"之一的声誉，并在计划实施的 4 年中为爱尔兰乳品部门创造了 5 000 万英镑的额外收入。

案例四：美国密歇根州 PFAS 污染事件

背景：全氟和多氟烷基物质（PFAS）是新型持久性污染物，广泛用于工业与消费品，难以降解。美国密歇根州因化工企业违规排放，多地饮用水、土壤和空气 PFAS 超标。

措施：美国国家环境保护局介入，涉事企业担责。密歇根州关闭污染区供水系统，提供瓶装水应急，启动环境监测。采用活性炭吸附、离子交换树脂处理污染水，科研机构研发新降解技术。

效果：部分地区饮用水 PFAS 浓度下降，但治理受污染范围广、成本高、土壤修复难等问题制约。此事件推动美国在新污染物监管方面取得进展，联邦和各州纷纷修订完善相关法律法规，提高化工企业的排污标准，加强对 PFAS 等新污染物的源头管控，公众对新污染物危害的认知也得到大幅提升。

任务一 新污染物检测技术

一、新污染物的产生背景及其特征

新污染物是指由人类活动造成的,尚无法律法规和标准予以明确规定,或者虽有规定但规定不完善的一类污染物。这些污染物具有一些新的特性,对环境和人类健康产生了重要影响。

其产生的背景主要是随着工业化进程的加快,尤其是重化工业的快速发展,每年大量的化学品被生产和使用,进入环境介质中,产生了极为复杂的化学、生态和健康效应。早期由于知识的匮乏,人们未能及时意识到这些化合物及其代谢物对生态系统和人类健康的潜在危害。但近年来,随着现代分析手段的改进和发展,以及一些化学品新的毒副作用模式被发现等,一些化工产品或化合物的有毒降解转化物开始受到广泛关注,并被认定为新污染物。

自 2010 年起我国化工产值跃居世界首位,成为全球化学品生产和消费大国,这也带来了越来越多的新污染物问题。

新污染物的特征体现在以下几个方面。

1)隐蔽性:这类污染物可能在环境中存在或被大量使用多年后,才被发现其有害性,而此时它们已经通过各种途径进入环境介质中。

2)持久性:具有很高的稳定性,难以在环境中降解,容易在生态系统中富集,可长期蓄积在环境中和生物体内,并能够随着空气、水流长距离迁移或顺着食物链扩散。

3)危害大:往往与人们的生活息息相关,长期暴露可能带来致癌、致畸和致突变等问题。例如,抗生素的滥用可能导致抗性基因污染,使一些疾病无药可治;某些内分泌干扰物可能影响生殖和发育,甚至导致种群灭绝。

4)不易治理:部分新污染物是人类新合成的物质,具有优良的产品特性,其替代品和替代技术不易研发。而且有些新污染物被广泛使用,环境存量高,涉及行业广、产业链长,需要多部门跨界协同治理。还有些在环境中含量低、分布分散,其生产使用和污染底数不易摸清,有的危害、转化、迁移机理研究难度大等,都导致治理困难。

新污染物的这些特性决定了它们对生态环境和人体健康可能造成长期且严重的影响,因此治理新污染物成了环境保护领域的重要任务,对于持续改善环境质量、保障人类健康具有重要意义。

为应对新污染物问题,我国政府高度重视并采取了一系列措施。例如,2021 年公布的《中华人民共和国国民经济和社会发展第十四个五年规划和 2035 年远景目标纲要》明确要求"重视新污染物治理";2022 年 5 月,国务院办公厅印发《新污染物治理行动方案》,从总体要求、行动举措到保障措施等方面对新污染物治理提出要求,旨在加强对新污染物的治理,保护生态环境和公众健康。

二、新污染物检测技术

新污染物的检测技术是研究其环境行为和风险评估的基础。传统的检测方法如气相色谱-质谱联用（GC-MS）、液相色谱-质谱联用（LC-MS）等，虽然能够准确检测某些污染物，但往往受限于复杂基质中的低浓度污染物检测。近年来，随着科技进步，多种新型检测技术得以发展和应用。

1. 高分辨率质谱技术

高分辨率质谱技术（HRMS）通过精确测量化合物的分子量，使得复杂样品中微量污染物的检测成为可能。HRMS能够提供精确的分子式信息，有助于识别和量化未知污染物。

2. 生物传感器技术

生物传感器结合了生物识别元件与信号转换器，能够实时、高灵敏度地检测环境中的新污染物。通过将酶、抗体或核酸探针等生物分子与电化学、光学或质谱分析方法相结合，生物传感器在复杂基质中实现了对特定污染物的定量检测。

3. 纳米材料辅助检测

纳米材料凭借其高比表面积和独特的表面性质，已经成为新污染物检测中重要的辅助材料。纳米传感器、纳米标记物及其在提升质谱检测灵敏度方面的应用，使得复杂样品中痕量污染物的检测更为精确。

三、制订新污染物检测计划

制订新污染物的检测计划需要综合考虑多个方面，以下是一个较为全面的步骤。

1）明确检测目的：确定是评估环境质量、监测污染源排放、研究污染物迁移转化规律，还是保障公众健康等。

2）确定检测对象：进行充分的文献调研和实地调查，了解所在地区可能存在的新污染物类型。常见的新污染物包括微塑料、药品与个人护理品、内分泌干扰物、纳米材料等。

3）选择检测区域：对于污染物的来源和可能的传播途径，选择具有代表性的检测区域。这可能包括工业集中区、污水处理厂周边、河流流域、土壤耕地、城市中心等。

4）设定检测时间：考虑污染物的排放规律、季节变化对其分布的影响以及项目的时间和经费限制。可以选择定期检测（如每月、每季度或每年），或者在特定的时间段（如雨季、旱季）进行检测。

5）确定检测指标：针对选定的新污染物，明确具体的检测指标，如浓度、存在形态、同系物分布等。

6）选择检测方法：评估不同检测方法的优缺点，如灵敏度、准确性、成本和操作复杂性等。常用的检测方法包括色谱法（气相色谱、液相色谱）与质谱联用技术、光谱法、免疫分析法等。确保所选方法经过验证，并符合相关标准和规范。

7）样品采集与处理：制订详细的样品采集方案，包括采样点的布局、采样深度、采样时间和频率、采样量等；选择合适的采样工具和容器，确保样品不受污染和损失；建立规范的样品处理流程，包括提取、净化、浓缩等步骤，以提高检测的准确性。

8）质量控制与质量保证：设立空白样品、平行样品和加标回收率实验，以评估检测过程的准确性和精密度；对仪器进行定期校准和维护，保证数据的可靠性。

9）数据分析与结果评估：选择合适的统计分析方法，对检测数据进行处理和解读；将检测结果与相关标准或背景值进行比较，评估新污染物的污染水平和潜在风险。

10）报告编制与发布：按照规定的格式和内容要求，编制检测报告，清晰阐述检测目的、方法、结果和结论；根据需要，将报告向相关部门、利益相关者和公众发布。

11）计划的调整与完善：根据检测过程中发现的问题和新的信息，及时对检测计划进行调整和完善。

总之，制订新污染物检测计划需要科学、严谨、系统地考虑各个环节，以确保检测工作的有效性和可靠性。

四、新污染物的现场检测

分析新污染物的数据并识别主要污染物可以遵循以下步骤。

1）数据收集与整理：确保收集到全面、准确且具有代表性的数据，包括不同采样点、不同时间和不同环境介质（如水体、土壤、大气）中的污染物浓度等。对数据进行初步整理，检查是否存在缺失值、异常值等，并进行必要的处理和校正。

2）描述性统计分析：计算污染物浓度的均值、中位数、标准差、最大值和最小值等统计量，以了解数据的集中趋势和离散程度。绘制污染物浓度的直方图、箱线图等，直观地展示数据的分布情况。

3）相关性分析：分析不同新污染物之间的相关性，以确定它们是否可能具有共同的来源或迁移转化途径。同时，分析污染物浓度与环境因素（如温度、pH、降水量等）之间的相关性，以了解环境条件对污染物分布的影响。

4）主成分分析（PCA）：这是一种将多个相关变量转换为少数几个综合变量（主成分）的统计方法，可以帮助识别数据中的主要模式和趋势，通过主成分分析，可以发现哪些污染物在数据中具有较高的权重，从而确定其可能是主要污染物。

5）聚类分析：将具有相似污染物特征的采样点或样本进行聚类，有助于发现污染物的空间或时间分布模式。不同的聚类可能代表不同的污染来源或污染程度，从而帮助识别主要污染物。

6）比较与阈值设定：将检测到的污染物浓度与国内外相关的环境质量标准或参考值进行比较，超过标准或阈值的污染物通常被认为是需要重点关注的主要污染物。

7）风险评估：利用风险评估模型，如暴露评估和毒性评估，来确定哪些污染物对生态系统或人类健康构成的风险最大。风险较高的污染物往往被视为主要污染物。

8）实地调研与污染源分析：结合实地调研，了解研究区域内的潜在污染源，如工业排放、农业活动、交通等。通过分析污染源的类型和强度，推断可能导致主要污染的源头。

9）专家咨询与多学科综合判断：咨询相关领域的专家，结合化学、环境科学、生态学等多学科的知识和经验，对数据进行综合分析和判断，以更准确地识别主要污染物。

通过以上方法的综合运用，可以更全面、科学地分析新污染物的数据，从而有效地识别主要污染物。

任务二　新污染物处理技术

一、新污染物处理技术概述

面对新污染物对环境和生物健康的潜在威胁，开发高效的处理技术至关重要。与传统的污染物相比，新污染物通常具有持久性强、生物降解难、毒性高等特点，因此需要更加先进的处理手段。

1. 高级氧化技术（AOPs）

AOPs 通过产生高活性的氧化剂（如羟基自由基），有效降解大多数难降解的新污染物。常见的 AOPs 包括臭氧氧化、光催化氧化、电催化氧化和芬顿反应等。这些技术在处理新污染物方面展现出较高的降解效率，且能够将污染物完全矿化为无害的小分子物质。

2. 膜分离技术

膜分离技术利用半透膜的选择性、渗透性，将新污染物与水体分离。反渗透、纳滤和超滤等技术可以有效去除水中的微污染物质，尤其是那些难以通过传统方法去除的微量有机污染物。然而，膜污染问题仍是限制其大规模应用的主要挑战。

3. 生物修复技术

生物修复技术利用微生物的代谢能力，将新污染物转化为无毒或低毒的物质。通过筛选和培养特定微生物或酶系，生物修复在处理某些有机新污染物方面具有独特优势。此外，植物修复和联合修复技术也逐渐成为新污染物处理的研究热点。

4. 吸附技术

吸附技术是通过吸附剂的物理或化学吸附作用去除新污染物的有效手段。活性炭、石墨烯及其衍生物、金属有机框架（MOFs）等新型吸附材料的开发，为提高吸附效率和选择性提供了新的途径。

5. 新兴处理技术

随着科学技术的不断进步，新兴处理技术不断涌现。例如，利用公益组织捐献的头发、羊毛和动物毛皮等天然材料来吸附水体中的油污，是一种经济、环保的处理方式。这些天然材料具有良好的吸油性和生物降解性，尤其适用于应对突发油污事件中的新污染物处理。

二、新污染物处理方案

以下是针对英国海滩热塑性塑料石头污染事件制定的新污染物处理设计和施工方案的一些要点。

1. 污染评估

对海滩上热塑性塑料石头的分布范围、数量和污染程度进行详细的调查与评估并分析塑料石头的成分、特性以及可能对环境和生物造成的影响。

2．处理目标确定

明确处理的主要目标，如完全清除塑料石头、减少其对海滩生态的危害、防止其进一步扩散等。

3．处理设计方案

1）机械清理：设计适合海滩环境的机械装置，如筛选设备、抓取设备等，用于收集塑料石头。

2）热分解处理：考虑利用适当的热分解技术，将热敏性塑料石头分解为较小的无害物质。

3）化学处理：研究使用特定的化学试剂，使其与塑料石头发生反应，降低其危害性。

4．施工方案

成立专门的施工团队，包括操作人员、技术人员和监督人员，并制定严格的安全操作规程，确保施工人员的安全，避免处理过程中对环境造成二次污染，合理规划施工进度，分阶段进行清理和处理工作，在施工前对所需设备进行调试和测试，确保其正常运行，并制订设备维护计划。

5．环境监测与评估

在处理过程中，持续监测海滩的环境质量，包括水质、土壤质量、生物多样性等，定期评估处理效果，根据监测结果调整处理方案。

6．公众教育与宣传

开展公众教育活动，提高公众对塑料污染危害的认识，及时向公众通报处理进展和效果，增强公众对环境保护工作的信心。

需要注意的是，实际的设计和施工方案需要根据具体的污染情况、技术可行性、经济成本等多方面因素进行综合考虑和优化。

三、新污染物处理工程

针对英国海滩上出现的热塑性塑料石头污染现象，以下是基于科学分析和工程实践的新污染物处理工程介绍。

（一）污染评估

（1）分布与数量调查

使用无人机航拍与地面人工采样相结合，绘制塑料石头污染分布图，明确污染面积、厚度和覆盖比例。

对污染样品进行热分析（如 TGA、DSC）、FTIR 光谱分析，确定热塑性塑料的成分及其热解特性。

评估塑料石头的化学稳定性、毒性以及对环境和生物的潜在威胁。

（2）生态风险评估

结合污染海域生物监测数据，分析塑料石头可能对海洋生态系统造成的直接和间接影响，如机械损伤、微塑料释放和毒性扩散。

（二）处理目标确定

（1）短期目标

快速清除热塑性塑料石头，减少其对海滩景观的破坏。

控制污染扩散，防止随潮汐传播到其他海域。

（2）长期目标

消除塑料石头的生态危害，防止微塑料的次生污染。

建立监测与防控机制，降低类似事件的再次发生概率。

（三）处理设计方案

1．机械清理

设计与海滩地形相适应的机械化处理方案。

（1）筛选与分离设备

利用筛分机械分离沙粒与塑料石头，避免对沙滩结构造成损害。

结合重力分选和振动筛技术，实现高效分离。

（2）抓取与收集设备

开发轻便的自动化抓取机械，对散布的塑料石头进行集中收集。

应用机器人技术，识别和精确抓取污染物。

2．热分解处理

根据热塑性塑料的特性，选择合适的热分解技术。

（1）低温热裂解

在低温环境中对塑料石头进行热裂解，分解为可燃气体和液体燃料，有助于降低能耗。

产物可回收利用，如生成柴油或燃气，减少资源浪费。

（2）微波辅助热解

利用微波能量实现快速均匀加热，提高分解效率。

研究表明，此方法适合处理混杂塑料废弃物且环保性强。

3．化学处理

开发基于化学反应的处理方案，降低塑料污染物的危害性。

（1）降解试剂研究

利用含氧化剂的溶液（如过氧化氢、芬顿试剂）促进塑料降解。

结合金属催化剂（如铁、锰）加速塑料分子链的断裂。

（2）环境友好型溶剂溶解技术

选择对热塑性塑料具有选择性溶解能力的环保型溶剂，通过溶解与再沉淀实现污染物去除。

回收沉淀物用于再加工，最大限度地减少二次污染。

（四）施工方案

1）前期准备：在污染海滩划分区域，设置清理设备和监测仪器。

2）机械清理：集中收集塑料石头，临时储存。

3）处理加工：在移动处理站完成热解或化学处理工艺，并回收有价值产物。

四、瑞士布莱斯水厂新污染物处理

瑞士布莱斯水厂采取了多种措施来处理新污染物，包括但不限于深度处理工艺、生物膜技术和现场采样调查。

瑞士布莱斯水厂在处理新污染物方面，首先采用了深度处理工艺，旨在提高对微污染物的去除率。这种处理工艺不仅包括对污水处理厂出水中微污染物的排放浓度设定限值，还要求部分污水处理厂进行改造，增加深度处理工艺，以 12 种指示污染物的去除率作为评判标准，且去除率不低于 80%。这一措施的目标是，在 2040 年前对全瑞士约 650 座污水处理厂中的 100 座进行升级改造。

此外，布莱斯水厂还利用了生物膜技术，通过建造一个人工的水槽系统，模拟不同条件下河流生物膜的生长情况。瑞士布莱斯水厂通过高级氧化技术解决了制药微污染物的问题，这种技术适用于考察微污染物流出污水处理厂后会如何影响下游的河流生态，特别是检查处理出水对生物的影响，并为升级后的污水处理厂引起的后续变化建立评估基准。

同时，布莱斯水厂进行了现场采样调查，采用已有的方法标准去评估排放点上下游的水质参数、生物多样性和功能特性。这些措施共同构成了布莱斯水厂处理新污染物的综合策略，旨在减少新污染物对环境和人类健康的影响。

五、新污染物处理技术报告

撰写新污染物处理工程的技术报告，通常可以遵循以下步骤和要点。

（1）标题和封面

标题应准确反映报告的主题，如"关于[新污染物名称]处理工程的技术报告"。封面上应包括项目名称、报告日期、编制单位等信息。

（2）目录

详细列出报告的各个章节和子标题以及对应的页码，方便读者快速查找所需内容。

（3）引言

介绍新污染物处理工程的背景和意义，说明为什么需要进行这个处理工程。

简述处理工程的目标和预期成果。

（4）工程概述

详细描述新污染物的来源、特性和危害，介绍处理工程的规模、地理位置和周边环境。

（5）处理技术选择

分析和比较各种可行的处理技术，包括其原理、优缺点并阐述最终选择特定处理技术的原因和依据。

（6）工艺流程

详细描述处理工程的工艺流程，包括各个处理单元的作用和操作参数并绘制工艺流程示意图，使流程更加清晰直观。

（7）主要设备和材料

列出处理工程中使用的主要设备的名称、型号、规格和数量；介绍主要设备的工作原理和性能特点并说明使用的主要材料及其性能要求。

（8）工程建设和运行情况

描述工程的建设进度、质量控制和验收情况，汇报处理工程的运行状况，包括运行时间、处理量、处理效果等并分析运行过程中出现的问题及解决措施。

（9）处理效果评估

展示处理前后新污染物的浓度变化数据，评估处理效果是否达到预期目标，分析处理效果的稳定性和可靠性。

（10）经济分析

计算工程的投资成本，包括设备购置、建设安装、调试等费用，估算运行成本，包括能源消耗、药剂费用、人员工资等，进行成本效益分析，评估工程的经济效益。

（11）环境影响评估

分析处理工程对周边环境的影响，包括废气、废水、废渣的排放情况，提出相应的环境保护措施和建议。

（12）结论和建议

总结处理工程的技术成果和经验教训，对工程的进一步优化和改进提出建议，展望未来新污染物处理技术的发展趋势。

（13）参考文献

列出在报告编写过程中引用的相关文献和资料。

（14）附录

包括相关的数据表格、图表、计算过程、设备清单等详细资料，以支持报告的内容。

任务三　微塑料污染治理技术

一、技术原理与应用

1. 物理治理技术

在微塑料污染治理中，物理治理技术主要通过分离、过滤等方法来处理新污染物（微塑料），常见的方式包括以下几种。

（1）分离和过滤

将样品放入水中，然后从上清液中去除漂浮的微塑料颗粒。这种方法适用于水体样品的采集，尤其是较清洁的水样，具有采样量大、检出限低的特点。过滤泵可以收集比拖网网目尺寸更小的微塑料样品，能降低污染率。

（2）混凝-超滤

先对微塑料进行混凝预处理，即向经过物理处理的水中加入絮凝剂（如聚合氯化铝、聚丙烯酰胺等）或混凝剂（如硫酸亚铁、硫酸铝），使悬浮物颗粒聚集形成絮凝物，静置沉淀后采用上清液进行超滤膜过滤，能够提升微塑料的去除效果。

2. 化学治理技术

化学治理技术主要通过化学反应来降解或转化微塑料，从而减轻其对环境的危害。以下是一些常见的化学治理技术及其在新污染物（微塑料）处理中的应用方式。

（1）光催化降解

利用光催化剂（如某些半导体材料）在光照条件下产生的活性物质，与微塑料发生反应，使其分解为无害或更易处理的物质。例如，一些研究使用特定的光催化剂来降解水中的微塑料。

（2）高级氧化技术

例如，利用双氧化剂协同作用。西安石油大学科研团队开发的方法就是通过简单的亚铁离子激发出经济环保的双氧化剂，利用协同产生物种的可持续氧化能力，突破邻苯二甲酸酯惰性芳环的转化，从而实现邻苯二甲酸酯的高效降解。

3. 生物治理技术

生物治理技术主要通过利用微生物或生物的作用来处理微塑料污染。以下是一些常见的方式。

（1）微生物降解

广泛地分离筛选能够降解塑料和农膜的优势微生物、构建高效降解菌。例如，某些微生物可以产生特定的酶，这些酶能够分解微塑料的高分子链，将其转化为较小的分子或无机物。一些研究正在探索如何利用微生物来降解常见的塑料类型，如聚乙烯、聚苯乙烯等。

（2）基因工程

分离克隆降解基因并将该基因导入某一土壤微生物（如根瘤菌）中，使两者同时发挥各自的作用，从而将塑料和农膜迅速降解。

（3）生物发酵

有些微生物能产生与塑料类似的高分子化合物聚酯，这些聚酯是微生物内源性储藏物质，可以用发酵方法进行生产。由此形成的塑料和地膜具有可被生物降解、高熔点、高弹性、不含有毒物质等优点，在医学等许多领域有极好的应用前景。为了降低成本、提高产量，人们正在用重组 DNA 技术对相关的微生物进行改造，如采用微生物发酵法生产聚羟基脂肪酸酯（PHA），研究人员正设法构建出自溶性 PHA 生产菌种，以简化胞内产物 PHA 的提取过程，降低提取成本。

4. 工程治理技术

工程治理技术在微塑料污染处理中发挥着重要作用，以下是一些常见的应用方式。

（1）污水处理工程

通过改进和优化污水处理厂的工艺流程，增加微塑料去除环节。例如，采用高效的过滤系统，如膜过滤技术，能够有效地截留污水中的微塑料颗粒。同时，在污水处理过程中，调整沉淀、混凝等工艺参数，提高对微塑料的去除效率。

（2）固体废物处理工程

在垃圾填埋场和焚烧厂的设计和运营中，考虑微塑料的存在。通过采用合适的覆盖材料和防渗措施，减少填埋场中微塑料向土壤和地下水的迁移。在焚烧过程中，优化燃烧条件，确保微塑料充分燃烧，减少二次污染。

（3）河道治理工程

在河道整治和生态修复项目中，运用生态护岸、人工湿地等技术，减缓水流速度，促进微塑料的沉淀和吸附。同时，利用水生植物和微生物的协同作用，吸收和降解微塑料中的有害物质。

（4）海洋治理工程

发展海洋清污设备和技术，如大型海洋吸尘器、海面漂浮物收集装置等，用于收集海洋表面的微塑料。此外，通过建设海洋保护区，加强海洋生态系统的保护和恢复，提高海洋自身对微塑料的降解和容纳能力。

（5）土壤修复工程

对于受微塑料污染的土壤，采用物理分离（如筛选、离心）、化学淋洗或生物修复（如引入特定的微生物群落）等方法，降低土壤中微塑料的含量和危害。

二、案例分析——瑞士政府应对饮用水微塑料污染的政策与实践

以下是关于瑞士政府对饮用水中微塑料污染治理的一些背景和措施。

1. 治理背景

瑞士是一个重视环境保护的国家，对饮用水的质量要求也很高。然而，随着塑料制品的广泛使用，微塑料污染逐渐成为一个全球性的环境问题，瑞士的饮用水也受到微塑料的污染。

2. 治理措施

瑞士政府采取了一系列措施来治理微塑料污染，包括加强对塑料制品的管理、推广可降解塑料、提高污水处理水平、加强对饮用水的监测等。此外，瑞士的一些企业和社会组织也积极参与微塑料污染治理，如开发微塑料去除技术、开展环保宣传活动等。

瑞士政府和社会各界对微塑料污染治理非常重视，采取了一系列措施来减少微塑料的排放和污染，保护饮用水的质量和环境的健康。

三、设计及施工方案

1. 方案概述

本方案旨在针对特定区域（如河流、湖泊、海洋、城市污水系统等）的微塑料污染问题，制定综合的治理措施，以减少微塑料在环境中的存在和影响。

2. 治理目标

在［具体时间］段内，将治理区域内的微塑料浓度降低［X］%，达到［具体标准］。

3. 治理原则

综合性：结合物理、化学和生物等多种治理技术，形成全面的治理体系。

针对性：根据不同的污染来源和环境特点，制订个性化的治理方案。

可持续性：选择环境友好、经济可行的治理方法，确保长期有效治理。

4. 治理区域分析

（1）污染源调查

1）对周边的工业企业、污水处理厂、农业活动、垃圾填埋场等可能的微塑料排放源进行详细调查。

2）分析微塑料的类型、大小、数量等特征。

（2）环境条件评估

1）测定水体流速、水深、水质参数（如 pH、溶解氧、温度等）。

2）评估底泥的性质和厚度。

5．治理技术选择

（1）物理治理技术

1）安装过滤系统：在入水口和关键位置设置多层滤网，拦截较大尺寸的微塑料。

2）采用沉淀法：利用沉淀设施，使微塑料在重力作用下沉淀。

（2）化学治理技术

1）应用高级氧化技术：如芬顿氧化法，分解微塑料表面的有机污染物。

2）化学絮凝：添加絮凝剂，促使微塑料凝聚成较大颗粒，便于后续处理。

（3）生物治理技术

1）种植水生植物：如浮萍、水葫芦等，吸收水体中的微塑料和相关污染物。

2）投放微生物制剂：促进微塑料的生物降解。

6．设计方案

（1）处理设施布局

1）根据治理区域的地形和水流特点，合理布置处理设施，确保水流能够充分流经处理单元。

2）考虑设施的可维护性和扩展性。

（2）工艺流程设计

进水 → 粗过滤 → 化学处理 → 生物处理 → 精细过滤 → 出水。

（3）设备选型

根据处理规模和水质要求，选择合适的过滤设备、加药设备、搅拌设备等。

7．施工方案

（1）施工准备

1）进行场地平整，搭建施工临时设施。

2）采购所需的设备和材料，并进行质量检验。

（2）施工步骤

1）按照设计要求进行基础施工，如沉淀池、过滤池的建设。

2）安装处理设备，进行管道连接和电气布线。

3）进行设备调试和试运行。

（3）施工质量控制

1）建立质量管理制度，对施工过程进行全程监督。

2）对关键工序进行验收，确保符合设计要求。

8．运行与维护

制定运行操作规程，明确设备的启动、停止、巡检等要求；定期对处理设施进行维护保养，更换滤网、清理沉淀池等；对处理效果进行监测，根据监测结果调整运行参数和维护措施。

9．项目预算

项目预算见表2-1。

表 2-1 项目预算

项目	明细	数量	单价	总价/元
治理设备采购	空气净化设备			
	水质处理设备			
	污染物监测仪器处理设备			
施工材料费用	管道			
	线缆			
	建筑材料			
运行维护费用	人工费用、检测与评估费用			
其他费用	不可预见费用、税费			
总计				

10. 预期效果评估

在项目实施后，定期对治理区域内的微塑料浓度进行监测，对比治理前后的数据，评估治理效果是否达到预期目标。

四、微塑料污染治理工程实施与监测

1. 治理工程实施计划

（1）施工准备

1）组建专业的施工团队，包括工程师、技术人员和施工工人，确保团队具备相关的专业知识和经验。

2）准备施工所需的材料和设备，确保其质量符合要求，并提前运输到施工现场。

3）设立施工管理办公室，配备必要的办公设备和通信设施，以保障施工过程中的协调和沟通顺畅。

（2）施工阶段

1）按照设计方案，依次进行各项治理设施的建设和安装工作。首先进行基础工程的施工，如处理池的挖掘和地基处理；接着进行主体结构的建设，包括过滤装置、沉淀装置等的安装；最后完成管道铺设和电气系统的连接工作。

2）在施工过程中，严格遵守施工规范和质量标准，进行质量检验和验收。对每一道工序进行检验，确保符合设计要求和相关标准；对关键部位和隐蔽工程进行重点检查，留存影像资料和验收记录。

（3）调试与试运行

完成施工后，对治理设施进行全面的调试。检查设备的运行状况，调整运行参数，确保其正常运转；测试控制系统的功能，保证自动化控制的准确性和可靠性；进行试运行，逐步增加处理水量，观察系统的稳定性和处理效果；在试运行期间，对进出水的微塑料浓度进行监测，记录数据；根据监测结果，对系统进行优化和调整。

2. 效果监测方案

（1）监测点位设置

在治理工程的进水口、出水口以及治理区域内的代表性位置设置监测点位；进水口监测点位用于了解微塑料的初始污染状况；出水口监测点位用于评估治理工程的处理效果；治理区域内的监测点位用于反映整体的污染变化情况。

（2）监测指标与方法

监测指标：

1）微塑料的数量：包括每升水样中微塑料的颗粒数。

2）微塑料的类型：通过显微镜观察和化学分析确定微塑料的材质，如聚乙烯、聚丙烯等。

3）微塑料的尺寸分布：统计不同尺寸（如小于 100 μm、100～500 μm 等）微塑料的比例。

监测方法：

1）水样采集：使用专业的水样采集器，按照规定的采样深度和频率进行采集。

2）样品处理：通过过滤、消解等方法将水样中的微塑料分离出来。

3）分析检测：采用显微镜观察、红外光谱分析等技术对微塑料进行定性和定量分析。

（3）监测频率

1）在治理工程试运行期间，每周进行一次监测。

2）正式运行后，每月进行一次监测。

3）遇到特殊情况（如暴雨、洪水等）或发现异常数据时，增加监测次数。

（4）数据记录与分析

1）建立详细的监测数据记录档案，包括监测时间、点位、指标数据、监测人员等信息。

2）对监测数据进行定期分析，绘制微塑料浓度变化曲线，评估治理效果的稳定性和趋势。

3）对比治理前后的数据，计算微塑料去除率，判断是否达到预期的治理目标。

（5）效果评估与反馈

1）根据监测数据和效果评估结果，判断治理工程是否有效。

2）若治理效果未达到预期，分析原因，提出改进措施和建议。

3）将监测结果和效果评估报告及时反馈给相关部门与施工单位，为后续的管理和决策提供依据。

任务四 新污染物生态风险评估

一、基本原理

新污染物生态风险评估的基本原理主要是基于污染物的特性、环境暴露情况以及可能对生态系统造成的潜在危害进行综合分析和预测。

首先，需要明确新污染物的物理化学性质，如溶解性、挥发性、稳定性等，这些性质决定了污染物在环境中的迁移转化规律。其次，评估污染物的来源、释放途径以及在不同环境介质（水、土壤、大气等）中的分布和浓度。这通常通过环境监测和模型模拟来实现，以了解污染物在环境中的暴露水平。研究污染物对生态系统中不同生物层次（个体、种群、群落、生态系统）的影响。包括对生物的急性毒性（短时间内高浓度暴露导致的危害）和慢性毒性（长时间低浓度暴露产生的潜在影响），如生长发育受阻、繁殖能力下降、遗传变异等。最后，需考虑生态系统的复杂性和敏感性。不同的生态系统具有不同的结构和功能，对污染物的耐受和恢复能力也不同。例如，脆弱的生态系统或具有重要生态功能的区域（如湿地、自然保护区）可能面临更高的风险。

在评估过程中，常采用风险商（Risk Quotient，RQ）等方法。将预测环境浓度（PEC）与无效应浓度（PNEC，通常基于实验室研究或模型推导得出）进行比较，计算出 RQ。若 RQ 小于 1，通常认为风险较低；若 RQ 大于 1，则表示存在较高的生态风险。

总之，新污染物生态风险评估是一个综合多因素、多学科的过程，旨在为环境保护和管理决策提供科学依据，以预防和减少新污染物对生态系统的不利影响。

二、制订生态风险评估计划

制订生态风险评估计划通常需要以下几个关键步骤。

1. 确定评估目标和范围

明确评估的主要目的，如确定某种新的工业活动、农业实践或建设项目对当地生态系统可能产生的影响；界定评估的地理范围，包括核心区域以及可能受到间接影响的周边区域。

2. 收集相关数据和信息

收集有关研究区域的生态特征数据，如地形、气候、土壤类型、植被覆盖、动物栖息地等；了解当地的物种多样性、濒危物种情况以及生态系统的关键服务功能；收集有关潜在压力源的信息，如污染物排放、土地利用变化、水资源开发等。

3. 识别潜在的压力源和受体

确定可能对生态系统造成危害的因素，如化学污染物、物理干扰、生物入侵等；明确可能受影响的生态系统组成部分，如特定的物种、种群、群落或生态过程。

4. 选择评估方法和模型

根据评估的目的和可用数据，选择合适的风险评估方法，如暴露评估模型、效应评估模型等；考虑使用定量、定性或半定量的评估技术。

5. 进行暴露评估

评估压力源在环境中的存在水平、分布和迁移转化情况；预测压力源在不同环境介质（水、土壤、空气）中的浓度和暴露途径。

6. 进行效应评估

研究压力源对生态受体的直接和间接影响，包括急性和慢性效应；确定有害效应的阈值和剂量-反应关系。

7. 风险表征

综合暴露评估和效应评估的结果，计算风险水平；以清晰易懂的方式表达风险的性质、程度和不确定性。

8. 不确定性分析

识别评估过程中的不确定性来源，如数据不足、模型假设、参数不确定性等；进行敏感性分析，以确定哪些因素对风险评估结果的影响最大。

9. 制定风险管理策略

根据风险评估结果，提出相应的风险管理措施和建议；考虑预防、减轻、控制或修复风险的可能方法。

10. 监测和评估计划的更新

建立监测方案，以跟踪压力源、受体和生态系统的变化；定期审查和更新风险评估计划，以反映新的信息和变化的情况。

需要注意的是，在整个过程中，应确保评估计划的科学性、合理性和可操作性，并充分考虑利益相关者的意见和需求。

三、生态风险评估数据分析

1. 数据收集

1）化学特性：收集新污染物的物理化学性质，如溶解性、挥发性、稳定性、持久性等，这些特性影响其在环境中的迁移和转化。

2）环境浓度：通过实地监测、实验室分析等手段获取新污染物在不同环境介质（水、土壤、大气、沉积物等）中的浓度数据。

3）生物效应数据：包括对不同生物层次（个体、种群、群落、生态系统）的毒性测试结果，如急性毒性、慢性毒性、生殖毒性、致畸性等。

2. 暴露评估

1）建立暴露模型：根据污染物的排放源、迁移途径和环境行为，构建数学模型来预测其在环境中的时空分布。

2）评估暴露途径：确定生物体可能接触污染物的途径，如摄入、吸入、皮肤接触等。

3）计算暴露剂量：结合环境浓度和暴露途径，计算生物体实际接受的污染物剂量。

3. 效应评估

1）物种敏感性分布（SSD）：整合不同物种对污染物的敏感性数据，构建 SSD 曲线，以评估对生态系统中多个物种的潜在危害。

2）生态系统水平效应：观察生态系统的结构和功能指标，如物种丰富度、生产力、能量流动等，评估污染物对整个生态系统的影响。

4. 风险表征

1）计算风险商（RQ）：将预测的暴露剂量与毒性效应阈值[如无观察效应浓度（NOEC）或最低观察效应浓度（LOEC）]进行比较，计算 RQ。

2）不确定性分析：考虑数据的不确定性、模型的不确定性以及环境的变异性，进行敏感性分析和蒙特卡罗模拟等，以评估风险评估结果的可靠性。

5. 数据分析

1）统计分析：运用统计学方法，如均值、标准差、相关性分析等，对收集到的数据进行描述和分析，以发现数据中的规律和趋势。

2）空间分析：对于多地点采集的数据，进行空间插值和地理信息系统（GIS）分析，以揭示污染物的空间分布特征。

3）时间序列分析：如果有长期监测数据，通过时间序列分析方法评估污染物浓度和生态效应的时间变化趋势。

6. 综合评估与结论

综合考虑暴露评估和效应评估的结果，判断新污染物是否存在显著的生态风险；根据风险水平提出相应的风险管理建议和措施，如制定环境质量标准、限制排放、加强监测等。

在整个过程中，要确保数据的质量和可靠性，采用科学合理的评估方法和模型，并遵循相关的评估指南和标准。同时，与其他相关领域的专家进行交流和合作，以提高评估的准确性和科学性。

任务五 新污染物管理策略

一、总体规划

制定新污染物管理策略的总体规划可按照以下步骤。

1. 现状评估

全面梳理已有的新污染物监测数据，了解其种类、来源、分布和浓度水平；评估当前的法律法规和政策框架，明确在新污染物管理方面的现有规定和不足。

2. 目标设定

基于生态环境保护和公众健康需求，确定长期和短期的管理目标，如降低特定新污染物在环境中的浓度、减少其对生态系统和人体健康的危害等；设定可量化和可衡量的目标指标，以便后续评估管理策略的效果。

3. 风险优先级排序

对不同类型的新污染物进行风险评估，综合考虑其毒性、持久性、生物蓄积性、暴露水平等因素；根据风险评估结果，对新污染物进行优先级排序，确定重点管理对象。

4. 管理措施制定

（1）源头控制

1）制定严格的产业准入政策，限制高风险新污染物相关产业的发展。

2）推动清洁生产技术和绿色工艺的研发与应用，减少污染物的产生。

（2）过程管理

1）加强对生产、使用和排放新污染物企业的监管，建立实时监测和报告制度。

2）完善污染物转移和运输的管理规定，防止在过程中发生泄漏和扩散。

（3）末端治理

1）研发和推广针对新污染物的高效处理技术和设备。

2）建立污染场地修复机制，对受污染的土壤和水体进行治理。

5. 能力建设

（1）加强监测能力

1）投资建设先进的监测设备和实验室，提高新污染物的检测水平。

2）建立全国性的监测网络，实现数据共享和动态监测。

（2）人才培养

1）开展专业培训，培养具备新污染物管理知识和技能的人才。

2）鼓励科研机构开展相关研究，为管理提供科学依据。

（3）公众教育

1）开展宣传活动，提高公众对新污染物危害的认识和防范意识。

2）建立公众参与机制，鼓励公众监督和举报相关违法行为。

6．国际合作

积极参与国际新污染物管理的交流与合作，跟踪国际最新研究成果和管理经验；推动制定国际统一的新污染物管理标准和规范，加强跨境污染的协同治理。

7．定期评估与调整

建立定期评估机制，对管理策略的实施效果进行监测和评估，根据评估结果和新出现的问题，及时调整和完善管理策略。

总之，制定新污染物的管理策略总体规划需要综合考虑多方面因素，采取系统、科学和灵活的方法，以实现有效的管理和风险控制。

二、协调资源与实施污染控制

1．政府

在新污染物处理方面，政府协调资源与实施污染控制可以从以下关键步骤着手。

制定全面且具有前瞻性的新污染物治理规划，明确长期和短期目标，开展详细的资源评估，包括人力、物力、财力以及技术资源等；建立跨部门的协调机制，如成立专门的工作领导小组，促进生态环境、科技、卫生、农业农村等相关部门之间的信息共享和协同工作；合理调配财政预算，加大对新污染物研究、监测和治理的资金投入，设立专项基金，鼓励社会资本参与污染控制项目；组织科研力量开展针对新污染物的处理技术研发，积极引进国际先进的污染控制技术和经验，并进行本土化改造；加强相关领域专业人才的培养和引进，提高治理队伍的素质和能力；及时向社会公开新污染物的相关信息，提高公众的认知和防范意识；建立公众参与机制，鼓励公众监督和参与污染控制工作；推动不同地区之间在新污染物治理方面的经验交流和资源共享；建立科学的评估体系，定期对污染控制措施的效果进行评估；根据评估结果及时调整资源配置和控制策略，以提高治理效果。

总之，政府需要通过综合运用多种手段，充分协调各方资源，形成有效的合力，才能实现对新污染物的有效控制。

2．科研机构

在处理新污染物时，科研机构可以通过以下方式协调资源与实施污染控制。

首先，科研机构应明确自身在新污染物研究领域的定位和目标。加强与国内外同行的交流与合作，了解前沿研究动态，为资源协调奠定基础。

在人力资源方面，组建跨学科的研究团队，涵盖化学、生物学、环境科学等多个领域的专家。通过内部培训和外部引进，提升团队成员的专业素养和研究能力。在物力资源方面，合理配置实验室设备和仪器，确保能够满足新污染物研究和检测的需求。同时，积极争取政府和企业的资助，更新和扩充实验设施。在技术资源方面，加强与高校、企业的技术交流与合作，共享研究成果和技术经验。建立技术共享平台，促进技术的推广和应用。

在研究方向上，聚焦新污染物的来源、迁移转化规律、生态环境影响以及治理技术等关键问题。开展基础研究的同时，注重应用研究，推动研究成果向实际应用的转化。

其次，建立科学的评估和反馈机制，对资源协调和污染控制的效果进行定期评估。根据评估结果及时调整研究策略和资源配置，不断优化工作流程和方法，提高新污染物处理的效率和效果。

3. 企业

在处理新污染物方面，企业可以通过以下途径协调资源与实施污染控制。

企业应树立正确的环保理念和社会责任意识，将新污染物的处理纳入企业发展战略。成立专门的环保部门或团队，负责统筹相关工作。

在人力资源方面，招聘和培养具备环保专业知识与技能的员工。定期组织内部培训，提高员工对新污染物的认知和处理能力。物力资源上，投入资金购置先进的污染检测设备和处理设施。对现有生产设备进行升级改造，以减少新污染物的产生和排放。财力资源的协调至关重要。设立环保专项资金，确保有足够的资金用于新污染物的研究、治理和监控。同时，积极寻求政府的环保补贴和优惠政策，降低治理成本。优化生产流程，从源头上减少新污染物的产生。加强原材料的筛选和管理，选择环保型的原材料和助剂。建立完善的监测体系，实时监控新污染物的排放情况。根据监测数据，及时调整生产和治理措施。

除了以上途径，还应该与上下游企业建立合作关系，共同应对新污染物问题。在产业链中形成协同治理的合力，推动整个行业的绿色发展。加强内部管理，制定严格的环保规章制度和操作流程。对各部门和员工进行绩效考核，将新污染物控制效果与绩效挂钩。积极参与行业协会组织的活动，分享经验和技术，共同推动新污染物处理标准和规范的制定。

定期对新污染物处理工作进行评估和总结，不断改进与完善资源协调和污染控制措施，以适应不断变化的环保要求和市场需求。

4. 国际合作

在处理新污染物的问题上，国际合作可以通过以下方式协调资源与实施污染控制。

建立国际沟通与协调机制是关键。例如，成立专门的国际新污染物治理组织或联盟，定期召开会议，让各国能够充分交流信息、分享经验和面临的挑战。在资源协调方面，各国可以共同设立专项基金，用于支持新污染物的研究、监测和治理项目。同时，鼓励各国提供技术、设备和人才等方面的支持，实现资源的互补与共享。

加强科技合作是重要途径，各国科研机构和高校之间开展联合研究项目，共同攻克新污染物处理的技术难题。通过合作研发，加速创新技术的推广和应用。建立统一的监测和评估标准，这有助于各国在数据收集、分析和评估方面保持一致性，为制定有效的污染控制策略提供准确依据。开展技术转移和培训活动。发达国家可以向发展中国家转让先进的污染治理技术，并提供相关的培训和指导，提升全球整体的处理能力。推动跨国企业积极参与，鼓励企业在全球范围内遵循统一的环保标准，共同投入资源用于新污染物的控制，并在生产和供应链中采取绿色措施。加强国际法律和政策的协调。制定具有约束力的国际公约和协议，明确各国在新污染物控制方面的责任和义务，确保各国共同遵守。促进公众意识的提高。通过国际宣传和教育活动，让全球民众了解新污染物的危害，形成广泛的社会压力，推动各国政府和企业采取行动。建立应急响应机制。在新污染物跨境传播等紧急情况下，各国能够迅速协同行动，共同应对危机，减少损失。

总之，通过以上多个方面的努力，国际合作能够更有效地协调资源，共同实施对新污染物的控制，保护全球生态环境和人类健康。

思考题

1. 解释新污染物的特征以及其对生态系统和人类活动的影响。
2. 新污染物检测和处理技术有哪些？请列举出来并解释其含义。
3. 简述生态风险评估的基本原理，并阐述如何制订生态风险评估计划。
4. 简述瑞士布莱斯水厂是如何处理新污染物的。

项目二　小贴士

项目三　河流污染修复工程

【学习目标】通过系统性学习与实践，让学生了解河流污染治理与生态修复，掌握河流污染源识别与分析、河流修复技术以及河流监测与评估相关知识，认识河流污染修复的重要性。

【学习任务】学习河流调查基本步骤，能够对河流的污染源进行分析、识别，掌握污染源控制技术、生态护岸技术、水生植物修复技术，运用所学知识解决实际问题。学生对河流污染修复的主要方法、技术及生态影响有全面深入的了解，能根据具体情况灵活选择和运用合适的技术手段，对河流污染问题进行深入分析，增强对河流保护的责任感和使命感。

任务导入

河流是自然界中水资源的重要组成部分，是地表水向海洋或内陆湖泊等低洼地区流动的通道。它们在地表形成的水流网络被称为河网，构成了地球上复杂而丰富的水系系统。随着城市化进程的加快和工业的发展，河流生态系统遭到了严重的破坏。在河流污染修复工程项目中，我们将学习河流污染源的调查、如何进行河流污染修复、了解河流污染修复的重要性。以深圳宝安区福永河、成都锦江活水公园以及长江流域的污染事件导入，任务一将带领大家学习河流生态调查，任务二、任务三、任务四将会依次带领大家学习污染源控制技术、生态护岸技术、水生植物修复技术三种在河流治理中发挥重要作用的技术，任务五介绍河流生态系统综合治理，剖析了保山东河、泰晤士河的事件背景、治理措施、治理成效，并为河流的综合治理制订了基本方案（图3-1）。

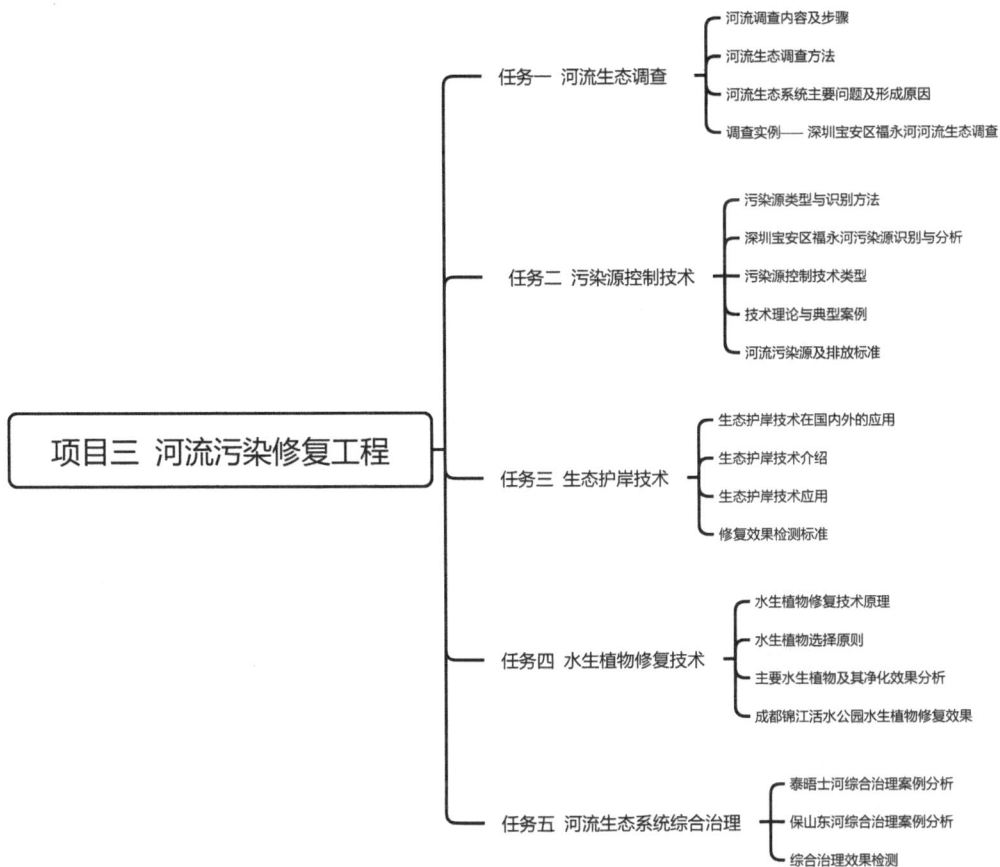

图 3-1 河流污染修复工程思维导图

一、定义与目标

河流生态修复是在充分发挥生态系统自我修复功能的基础上，采取工程和非工程措施，促使河流生态系统恢复到较为自然的状态，保证河流生态系统具有可持续性，提高生态系统价值和生物多样性。

河流生态修复的主要目标包括水质改善、水文情势改善、河流地貌修复、生物群落多样性修复。

二、案例导入

1. 深圳宝安区福永河暗涵治理

（1）事件背景

深圳作为高度工业化和城市化的超大型城市，面临严重的水污染问题，特别是黑臭水体治理中，暗涵治理成为关键难题。

统计数据：深圳共有 570 条暗涵，总长 366 km，是全国水污染治理的难点之一。

福永河现状：暗涵排口多、结构复杂、排查溯源耗时长，暗涵内大量淤积，最大深度超 3 m，环境复杂且有毒有害物质存在。

（2）污染情况

淤积问题：长期封闭导致淤泥和杂物沉积严重，清理难度大。

检测难度：人工检测受限，需要技术辅助，如潜望镜检测和染色剂投放。

（3）修复技术应用

污染排查技术：

1）潜望镜检测：通过管内探测仪器，确定污染源头和暗涵结构。

2）染色剂投放：定位排污管口，分析污染扩散路径。

3）遥测与无人机：结合遥感技术，实现污染区域的快速精准识别。

清淤与修复技术：

1）高压水射流清淤：利用高压水流疏通暗涵管道，清除淤泥杂物。

2）机器人清淤设备：针对有毒有害环境，使用管道机器人完成清理作业。

3）防腐与加固处理：对清理后的管道内部进行防腐涂层施工，延长使用寿命。

生态修复技术：

1）水质净化设施：在暗涵出口区域设置净化设备，处理排放水质。

2）生态湿地修复：在明渠区域种植水生植物，构建生态过滤带。

2．成都锦江活水公园地下管道治理

（1）事件背景

锦江作为成都的主要河流，受到生活污水的持续威胁。天府国际生物城片区的地下排污管道腐蚀、堵塞、沉降问题突出，成为污染源之一。

管道规模：直径 1.6 m，长度近 12 km，输送约 40 万人的生活污水。

潜在问题：污泥淤积严重，管壁锈蚀、堵塞、变形等，导致污水渗漏进入锦江。

（2）污染情况

污水渗漏：管道破损、变形导致渗漏，特别是降雨后，部分水体短暂浑浊。

管道老化：管壁锈蚀和沉降问题普遍，易引发系统性失效。

（3）修复技术应用

管道检测技术：

1）CCTV 检测：利用闭路电视监控设备巡检管道内部，评估腐蚀和变形情况。

2）声呐检测：针对淤泥覆盖的区域，声呐扫描用于判断管道底部沉积物深度。

3）激光扫描：精确测量管道内径变化，识别沉降和变形点。

管道修复技术：

1）非开挖修复技术（CIPP）：采用热塑性树脂内衬，修复管壁腐蚀和漏水问题，避免大规模开挖作业。

2）机器人清淤与涂层施工：对内部清理后的管壁进行防腐涂层施工，提高管道抗腐蚀能力。

3）智能化监控系统：在修复后的管道安装流量计、压力传感器，进行实时监测。

生态治理技术：

1）活水循环系统：建设人工湿地和循环泵站，维持河流水质自净能力。

2）底泥改良：通过投放改良剂稳定污染底泥，减少浑浊现象发生。

3．长江保护修复

（1）事件背景

2018 年 12 月，生态环境部、国家发展改革委联合印发《长江保护修复攻坚战行动计划》（以下简称《行动计划》），明确了长江需要着力解决的突出生态环境问题，提出了重点任务的路线图和时间表。《行动计划》实施以来，有关部门和沿江各级人民政府组织开展了一系列专项行动，推动解决了一大批老大难环境问题，长江水生态环境呈现逐年改善、持续向好的态势，2020 年，长江流域水质优良（Ⅰ～Ⅲ类）断面比例为 96.7%，高于全国平均水平 13.3 个百分点，较 2016 年提高 14.4 个百分点，干流首次全线达到Ⅱ类水质。人民群众的幸福感和获得感大幅提升，长江经济带经济社会持续健康发展，实现了在发展中保护、在保护中发展。《关于进一步加强长江保护修复工作的意见》秉承方向不变、力度不减的思路，提出了持续开展工业园区污染治理、"三磷"行业整治等专项行动以及巩固小水电清理整改成果等具体任务。

（2）措施

建立健全长江流域水生态环境考核评价制度。《中华人民共和国长江保护法》规定，国家实行长江流域生态环境保护责任制和考核评价制度。强化中央生态环境保护督察。压实各部门和地方生态环境保护责任，继续拍摄长江经济带生态环境警示片，强化举一反三，以点带面推动问题得到系统整改，严防表面整改、虚假整改。

（3）效果

长江十年禁渔效果还不稳固，长江岸线利用结构和布局欠合理，部分生态敏感岸段遭占用和干扰，工业、城镇、农业等水污染防治仍有不少薄弱环节、生态流量保障等仍需加强。从生态系统整体性和流域系统性出发，提出了关于长江水生态保护、水环境治理、水资源保障的工作要求，明确到 2025 年，长江流域总体水质保持为优，干流水质稳定达到Ⅱ类，重要河湖生态用水得到有效保障，水生态质量明显提升。

任务一　河流生态调查

一、河流调查内容及步骤

1．前期调查

1）调查收集水文、气候、地质（包括沉积类型）、地貌资料，如河流宽度、河床结构、河流滨岸带形态，水位、水深、水量、流速及流向等历史水文状态变化资料，以及降水量、蒸发量资料。

2）调查污染物的时空分布情况。例如，河流周围城市和人口分布、工业分布、工业污染源及其排放口、城市生活排水、农田退水，农药、化肥的使用种类、数量和使用时间等。

3）调查拦河闸坝的类型和分布。

4）调查河流沿岸土地利用现状。例如，耕地、林地、草地、建设用地、未利用土地（如沙地、戈壁、盐碱地、裸土地等）。

5）调查采样点交通状况和可达性。

2．点位布设原则及方法

1）代表性原则：监测点位宜具有空间代表性，覆盖典型生境，反映区域环境污染特征及人为活动的影响，可满足监测的需求。监测点位宜全面覆盖流域或区域范围，避开局部特殊区域（如死水区、回水区和排污口）。

2）一致性原则：监测河段宜与水环境质量监测点位所在河段保持一致，以方便获取水文和水质监测数据。

3）可行性原则：宜以最少的点位获取具有代表性的监测信息，同时兼顾采样的可行性和便捷性。

4）延续性原则：宜沿用历史监测点位，保持监测数据的连续性和可比性。

5）安全性原则：监测点位的布设应保障监测人员与设备的安全。

根据区域内河流形态、水文状况、水环境质量、水生生物分布等因素的差异，将河流分为不同的河段，开展初期监测。初期监测河段长度，可涉水河流宜小于 10 km，不可涉水河流宜小于 50 km，江河干流可根据实际情况适当增加河段长度。可根据初期监测的结果，确定生物群落结构具有显著差异的河段作为监测河段。每个河段布设 2～5 个监测点位，以监测点位为中心确定采样河段，见表 3-1。在采样河段内选择适合水生生物生存的生境采集水生生物样品。

表 3-1　监测点位采样河段上游起点和下游终点的位置

河流分类	上游起点与监测点位的距离（Lu）/m	下游终点与监测点位的距离（Ld）/m	采样河段长度（Lt）/m
可涉水河流	50	50	100
不可涉水河流	500	500	1 000
	20×B	20×B	40×B

注：B 为河流宽度。

3．河流生物调查

了解河流生态系统中的生物多样性、生物群落结构以及生物与环境的作用。

（1）生物多样性调查

1）确定调查的具体目标（如物种多样性、特定物种分布、生态系统服务功能评估等）。

2）设定可量化的调查指标和预期成果。根据河流的地理特征、生态重要性及历史数据选择代表性区域，考虑河流上游至下游的纵向梯度，以及河岸带的不同生境类型。

3）制订详细的调查计划，包括调查时间（考虑季节变化对生物多样性的影响）、方法（如直接观察、样方法、标记重捕法等）、样线或样点布局等。

4）确定需调查的生物类群（如鱼类、底栖动物、水生植物、鸟类等）。

5）根据调查方法准备相应的工具，如望远镜、捕虫网、采样瓶、GPS 定位仪、相机、显微镜、生物分类手册等。确保所有设备在使用前进行校准和检查。

（2）生物群落结构调查

1）确定调查范围：包括河流的具体段落、长度及上下游边界。

2）设定调查指标：如物种多样性指数、优势种、特有种等。

3）文献资料收集：收集调查区域的历史生态数据、环境背景资料、水文气象资料等。

了解河流流域内的主要生物类群及其生活习性。

4）确定调查时间：考虑季节变化对生物群落的影响，选择代表性时段。

5）设计采样方法：包括样点设置、采样工具选择、样本处理等。根据河流形态、流速、底质类型等因素，合理设置样点，确保代表性。样点数量应足够多，以覆盖整个调查区域，同时避免重复采样。

6）宏观生物调查：记录河流两侧的植被覆盖、河岸稳定性、水流特征等。

7）水生植物调查：通过潜水或水面观察，记录水生植物的种类、覆盖度等。

8）底栖生物调查：使用网具（如彼得逊采泥器）、电鱼器等工具采集底栖生物样本，注意保护珍稀濒危物种。

9）鱼类资源调查：可采用电鱼法、刺网、钓鱼等方法，记录鱼类的种类、数量、大小等信息。

10）浮游生物与水生昆虫调查：通过采集水样，在实验室中分离并鉴定浮游生物和水生昆虫的种类。

11）环境因子监测：同步监测河流的水质参数（如水温、pH、溶解氧、浊度等）、流速、水深等环境因子。

12）数据整理：将现场采集的数据进行整理，包括生物种类清单、数量统计、环境因子数据等。

13）生物多样性分析：计算物种多样性指数（如 Shannon-Wiener 指数）、均匀度指数。

4．河流周边生态环境影响因素调查

首先评估河流水质状况，然后调查河岸带植被覆盖与多样性，接着监测野生动物种类与数量，最后根据已有信息分析人为活动（如工业排放、农业污染、城市扩张等）对河流生态环境的影响，对河流生态系统的整体健康状况进行评估。

二、河流生态调查方法

1．实地调查

河流生态实地调查是指通过直接观察和测量河流生态系统的各种组成要素（表 3-2），如水质、底质、生物群落、河岸带植被等，以获取第一手数据的方法。

表 3-2　实地调查要素

水质调查	在具有代表性的采样点采集水样，检测水样的物理、化学和生物指标，如温度、pH、溶解氧、重金属含量、氮磷含量以及细菌、藻类种类及数量等
生境调查	观察并记录河道的形态、宽度、深度、流速等物理特征，以及河岸带的植被覆盖情况、土壤类型及稳定性等生态要素
生物调查	采用网具、陷阱等方法采集浮游生物、底栖动物和水生植物样品，进行种类鉴定和数量统计

2．遥感调查

遥感调查是利用航空或航天平台上的传感器对地表进行远距离观测，获取河流生态系统的空间分布和动态变化信息的方法。

1）数据获取：通过卫星、无人机等遥感平台获取河流及其周边区域的影像数据。

2）数据处理：对遥感影像进行预处理，包括几何校正、辐射校正、大气校正等，以提高影像的精度和质量。

3）信息提取：利用遥感影像中的光谱信息、纹理信息等特征，提取河流的水面面积、河岸带植被覆盖、土地利用类型等信息。

4）动态监测：通过时间序列的遥感影像数据，监测河流生态系统的动态变化，如水面面积的变化、植被覆盖度的变化等。

遥感调查具有大面积、快速、非接触等优点，可以在短时间内获取大量数据。遥感数据可以反映地表的真实情况，为河流生态系统的研究和保护提供重要依据。

3．生态系统模拟法

生态系统模拟法是利用数学模型和计算机仿真技术，对河流生态系统的各种过程进行模拟和分析的方法。

1）模型构建：根据河流生态系统的实际情况，构建合适的数学模型，包括物理过程模型、化学过程模型、生物过程模型等。

2）参数设置：根据实测数据和文献资料，设置模型的初始参数和边界条件。

3）模拟运行：利用计算机仿真技术，对模型进行模拟运行，得到河流生态系统的各种模拟结果。

4）结果分析：对模拟结果进行分析和解释，评估河流生态系统的健康状况和变化趋势。

生态系统模拟法可以预测河流生态系统在不同情境下的响应和变化，为制定生态保护和恢复策略提供科学依据。通过对河流生态系统的模拟和分析，可以发现潜在的环境问题，提出针对性的解决方案。

三、河流生态系统主要问题及形成原因

1．水污染

（1）工业排放

许多工业废水未经处理或处理不达标排放，工业生产过程中产生的废水往往含有重金属、有机污染物、酸碱物质、悬浮物等多种有害成分。若这些废水未经有效处理或处理不达标即直接排入河流，将直接导致河流生态系统受到严重污染。重金属污染会累积在底泥和水生生物体内，通过食物链传递威胁人类健康；有机污染物则可能引发水体富营养化，破坏生态平衡。

工业园区布局不合理也会间接对河流造成影响，部分工业园区在规划时未能充分考虑环境保护需求，导致工厂集中区域距离河流过近，增加了废水泄漏和违规排放的风险。此外，园区内缺乏有效的废水集中处理设施或处理能力不足，也是造成水污染的重要原因。

（2）农业活动

现代农业为提高作物产量，大量施用化肥和农药。这些化学物质在雨水冲刷下易进入河流，造成水体氮、磷等营养元素超标，引发藻类过度繁殖，消耗水中氧气，导致水质恶化，影响水生生物的生存；畜禽养殖产生的粪便和废水若未得到有效处理直接排放到河流，不仅会造成水体富营养化，还可能携带病原菌和寄生虫卵，对公共健康构成威胁。

（3）城市化进程中的污染

随着城市人口的增加，生活污水排放量急剧上升。部分城市污水处理设施建设滞后或

运行管理不善，导致大量未经处理的污水直接排入河流，加剧了河流污染；部分老旧城区排水系统采用雨污合流制，雨水与污水混合后直接排入河流，增加了河流的污染负荷。特别是在雨季，大量雨水携带地面污染物进入河流，进一步恶化了水质。

（4）自然因素与人为破坏

洪水、泥石流等自然灾害可能冲刷地表污染物，将其带入河流，造成短期内的水质急剧恶化；过度采砂、河道硬化、水利工程建设等人为活动破坏了河流的自然形态和生态功能，降低了河流的自净能力，使其更易受到污染。

2. 河道改道

在某些情况下，河流会出现改道现象，即水流偏离原有河道，形成新的流动路径。这种现象不仅会影响河流生态系统的稳定性和多样性，还可能对沿岸地区的社会经济生活产生重大影响。

（1）自然因素

地形地貌是影响河流流向和河道形态的重要因素。当地形发生显著变化，如地震、滑坡、泥石流等自然灾害导致河床抬升或下降、河岸崩塌时，河流为了维持其能量守恒和流动特性，可能会选择新的、更低能耗的路径，从而发生改道。

河流在流动过程中不断对河床进行侵蚀和沉积作用。当侵蚀作用超过沉积作用时，河床逐渐下降，形成深槽；反之，则形成浅滩或淤积。这种侵蚀与沉积的不平衡会导致河道形态的变化，有时甚至会引发河流改道。

（2）人为因素

水利工程建设，如水库、堤防、引水渠等的建设，往往会改变河流的自然流态和河道形态。例如，水库的建设会拦截部分水流，减少下游河道的流量和流速，导致河床沉积物堆积，进而影响河道的稳定性。而堤防的修建则可能限制河水的自由流动，使得河流在特定条件下冲破堤防，形成新的河道。不合理的河道采砂活动会破坏河床的稳定性，导致河床下切或河岸崩塌。同时，过度的河道疏浚也会改变河道的自然形态，使河流更易受到侵蚀和改道的影响。沿岸地区的土地利用变化，如城市化、农业扩张等，会改变地表径流和地下水的流动路径，进而影响河流的补给和流量。

3. 生物多样性降低

生物多样性降低会对河流健康程度产生一定的影响，影响生物多样性的因素主要是水质污染、水文变化、栖息地破坏、外来物种入侵（表3-3）。

表3-3　生物多样性降低原因

水质污染	工业废水、农业化肥农药残留及生活污水的排放，导致河流中氮、磷等营养物质过剩，引发水体富营养化，破坏水质，影响水生生物的生存
水文变化	水库建设、河道整治等工程改变了河流的自然水流模式，减少了洪水脉冲等自然现象，影响了水生生物的繁殖、迁徙和栖息地选择
栖息地破坏	河岸带植被砍伐、河床硬化、采砂等活动破坏了水生生物的栖息环境，减少了它们的生存空间
外来物种入侵	随着国际贸易和旅游的增多，外来物种被无意或有意引入河流生态系统，它们可能缺乏天敌，迅速繁殖，挤压本地物种的生存空间

四、调查实例——深圳宝安区福永河河流生态调查

通过对河流的调查方法、河流生态现状、存在的问题、建议与措施进行深入分析，制定基本调查步骤（表 3-4）。

表 3-4 调查步骤

调查方法	本次调查采用了现场勘查、水质监测、生态评估以及文献资料分析等多种方法。水质监测主要依据《地表水环境质量标准》（GB 3838—2002）Ⅰ类标准，对福永河的水质进行了全面分析。同时，结合宝安区生态环境监测中心站的数据，对河流的生态系统进行综合评估
河流生态现状	一、水质状况：多数水质指标已达到或优于地表水分类标准。氨氮、总磷等指标仍偶有超标现象。 二、生态系统：生物多样性逐渐增加。鱼类、鸟类等水生生物种群数量有所回升，特别是白鹭等水鸟成为河流生态恢复的显著标志。然而，生态系统的恢复仍然面临诸多挑战，如外来物种入侵、栖息地破碎化等问题仍需进一步解决。 三、河道整治与治理：宝安区政府高度重视福永河的河道整治与治理工作。通过实施暗涵整治、河道清淤、污染源控制等一系列措施，有效改善了福永河的水质和生态环境
存在的问题	一、水质状况 福永河水质目前处于劣Ⅴ类水平，主要污染物为氨氮、总磷及有机污染物。 二、河道状况 （一）河道淤积：福永河河道淤积问题较为严重，特别是暗渠段，淤泥厚度可达数米，严重影响河道排水和防洪能力。 （二）水流不畅：由于河道淤积和污染，水流速度减慢，自净能力下降。 （三）生态系统破坏：水体污染和河道淤积导致生态系统受损，水生生物种类减少，生物多样性降低。 三、污染源分析 （一）工业污染：流域内工厂众多，部分工厂存在违法排污现象，工业废水未经处理或处理不达标直接排入河道。 （二）生活污染：流域内人口密集，生活污水排放量大，部分污水通过雨水管道排入河道
建议与措施	一、加大资金投入 政府应加大财政投入，增加水体污染治理项目的基金支持，并探索多元化的资金筹集方式，吸引社会资本的参与。 二、完善政策法规 制定更加严格的环保政策和法规，加大对工业企业的监管力度，推行排污许可制度，提高违法成本。 三、强化科技支撑 运用先进的监测和治理技术，如 CCTV 检测技术、智能监测控制站等，提高治理效率和精度。 四、提升公众环保意识 加强环境教育和宣传工作，提高公众对水体污染的认识和关注度，引导公众采取环保行动，减少对水体的污染。 五、建立长效管理机制 建立健全的河道管理机制，加强河道巡查和巡逻，及时发现并处理违规行为。同时，加强与相关部门的联动合作，形成合力，共同推进河道管理工作

任务二 污染源控制技术

一、污染源类型与识别方法

在河流污染治理中，污染源的准确识别是制定控制策略和修复方案的前提。污染源可按不同标准进行分类，主要包括以下几种类型。

1. 按污染物排放方式划分

点源污染：污染物通过固定排放口直接排入河流，如工业废水排口、污水处理厂出水口等。特点是排放集中、污染强度高、监测与控制相对可行。

非点源污染：污染物在雨水冲刷或地表径流过程中无固定排放口进入水体，如农业面源污染、城市地表径流等。特点是来源分散、污染波动大、控制难度大。

2. 按污染来源属性划分

工业源：来自制造业、化工、电镀、印染等企业排放的废水，通常含有 COD、重金属、有机污染物等。

生活源：居民日常生活产生的生活污水，主要含氮、磷、粪大肠菌群等。

农业源：农田施肥、畜禽养殖等产生的含氮、磷、有机物和病原体的面源污染。

交通源：道路冲洗、港口作业、加油站等区域的油类、有毒物质残留。

自然源：暴雨冲刷、滑坡等自然条件下释放的沉积物、有机碎屑等。

3. 污染源识别技术方法

排查法：通过现场走访、入河排口普查、排水图纸比对等方式查清污染源分布。

水质追踪法：结合水质监测数据，判断污染物浓度异常区段。

遥感与地理信息系统（GIS）分析法：通过遥感影像和空间数据分析识别潜在非点源。

污染指纹识别法：分析特征污染物的来源与组合模式，判定污染类型。

水环境模型模拟：利用数学模型预测污染源影响区域和变化趋势。

二、深圳宝安区福永河污染源识别与分析

深圳市福永河是一条典型的城市内河，流域工业集中、人口密集，污染类型复杂多样，是城市河道污染源治理的典型案例之一。针对该河流的污染源分析结果如表 3-5 所示。通过排查发现，福永河流域污染源主要包括：工业废水直排和偷排问题突出，部分企业存在雨污混接、排污口私设现象；生活污水溢流与截污系统不完善，致使大量污水通过雨水管网进入河道；河道沿线农业和绿化带施肥用水面源污染，在雨季表现明显；历史遗留沉积污染，底泥中累积的有机污染物和重金属易在水力扰动下释放。该案例表明，复杂河流系统中污染源往往具有多源共存、点面交织、时空变化大等特点，必须结合理论技术与实地调查手段开展综合识别和分类治理。

表 3-5 污染源分析

工业污染源	一、工业废水排放：宝安区作为深圳市的工业重镇，众多工厂企业沿河分布，其中不乏化工、电镀、纺织、印染等高污染行业。这些企业在生产过程中产生的废水，若未经有效处理直接排放，将含有重金属、有机物、酸碱物质等有害物质，严重污染河水水质。 二、固体废物堆放与渗漏：工业废弃物如果管理不当，随意堆放或填埋于河岸两侧，经雨水冲刷和渗透作用，其中的有害物质会逐渐渗入地下水及河流中，造成长期且难以逆转的污染
生活污染源	一、生活污水排放：随着人口密度的增加，福永河周边居民区产生的生活污水量急剧上升。部分老旧社区及农村地区的生活污水收集处理设施不完善，大量未经处理的污水直接排入河流，携带大量的有机物、氮磷营养盐及微生物，导致水体富营养化，影响水质。 二、农业面源污染：尽管宝安区的农业用地相对较少，但沿河两岸仍有一定规模的农田。农业生产中施用的化肥、农药等通过灌溉和雨水径流进入河流，是河流中氮、磷等营养物质的重要来源之一
其他污染源	一、雨水径流污染：城市化和工业化过程中，不透水地面面积增加，雨水径流速度加快，携带大量地表污染物（如尘埃、油污、垃圾等）进入河流，加剧了水体污染。 二、船舶污染：福永河作为水上交通要道，船舶航行过程中产生的含油废水、生活污水及垃圾也是不可忽视的污染源

三、污染源控制技术类型

1. GIS 技术

作为一门集地理学、地图学、计算机科学等多学科于一体的综合性技术，近年来 GIS 技术在环境保护与治理领域展现出了巨大的潜力。特别是在河流污染源的识别、监测、评估及控制方面，GIS 技术凭借其强大的空间数据处理与分析能力，为制定科学有效的污染控制策略提供了有力支持。

（1）污染源定位

利用 GIS 的空间查询与定位功能，可以精确到具体的污染源点或区域，包括工业排放口、生活污水排放点、农业面源污染区等。结合实地调查，可以进一步确认污染源的属性信息（如污染物种类、排放量等），为后续的控制措施制定提供了依据。

（2）污染模型构建

GIS 可以集成或开发专门的污染扩散模型，如水质模型、大气污染模型等，通过输入污染源数据、水文气象条件等参数，模拟污染物质在河流中的扩散过程。这有助于预测污染物的传播路径、影响范围及浓度分布，为应急响应和长期防控提供了科学依据。

（3）动态模拟与可视化

GIS 支持污染扩散的动态模拟与可视化表达，通过动画或时间序列图展示污染物的时空变化过程，帮助决策者直观理解污染趋势，及时调整防控策略。

多地生态环境部门利用 GIS 平台，广泛收集了包括卫星遥感影像、无人机航拍、地面监测站数据、地形地貌图、社会经济统计资料等多源数据。这些数据经过清洗、处理与整合后，形成了河流流域内详尽的空间数据库，为后续分析提供了坚实的数据基础。

2．稳定同位素技术

稳定同位素是指原子核内质子数与中子数之和不变，因此不具有放射性衰变能力的同位素。常见的稳定同位素包括氢的两种同位素（普通氢和重氢）、氧的三种同位素、碳的两种同位素等。稳定同位素技术利用这些同位素在不同物质来源、迁移转化过程中的自然分馏效应，通过精确测量样品中同位素比值的变化，来揭示物质的来源、迁移路径及转化过程，主要依赖质谱仪等高精度仪器，如气相色谱-质谱联用（GC-MS）、同位素质谱仪（IRMS）等。这些技术能够实现对水样、沉积物、生物体等样品中微量稳定同位素的精确测定，为污染源识别提供科学依据。

3．水质模型

水质模型基于流体力学、水化学、生态学等多学科理论，通过构建描述污染物在水体中物理、化学、生物过程的数学方程，模拟污染物在河流中的运动变化。模型通常包括输入（污染源、气象条件等）、状态变量（水质参数如溶解氧、氨氮、总磷等）、输出（水质预测结果）及系统内部过程（如吸附、降解、沉淀等）四大部分。

首先，进行模型选择与校准，根据研究区域特征、污染源特性及研究目的选择合适的模型类型（如一维、二维、三维模型），并通过实测数据对模型参数进行校准，确保模型预测的准确性。其次，污染源识别与量化，利用模型反演技术，结合监测数据，识别主要污染源并量化其贡献率，为污染源控制提供精准定位。再次，进行污染物扩散模拟，模拟污染物在河流中的扩散、稀释、降解等过程，预测不同时空尺度下的水质变化。最后，进行不确定性分析，考虑输入数据、模型参数、边界条件等不确定性因素，评估模型预测结果的不确定性范围，提高决策的科学性。

四、技术理论与典型案例

1．污染源控制技术理论基础

在水污染治理中，污染源控制是防治的第一道防线，旨在从源头上削减污染物进入水体的总量。污染源控制技术依据污染源的类型和排放特征进行差异化设计，主要包括以下几类策略。

（1）工业污染源控制技术

末端治理技术：包括废水物化处理（沉淀、中和、絮凝、吸附）、生化处理（活性污泥法、MBR 等）。

过程控制技术：如原料替代、清洁生产、自动监测与预警系统。

排放标准与监管机制：执行排放许可制度，安装在线监测设备，实现企业污水排放的全流程监管。

（2）农业面源污染防治技术

种植环节减源技术：推广测土配方施肥、控释肥、低毒农药替代技术，控制氮、磷流失。

生态拦截技术：构建农田排水缓冲带、生态沟渠、湿地塘系统截留污染物。

畜禽养殖污染治理：建设养殖废水收集与处理系统，实现粪污资源化利用。

（3）农村生活污染控制措施

生活污水处理：推广集中处理（村镇污水处理厂）或分散处理（人工湿地、氧化塘）模式。

垃圾分类与无害化处理：配套建设垃圾收集、转运和处理设施，防止垃圾直排。

宣传与行为引导：提高农村居民环保意识，规范用水排污行为。

（4）生态修复与保护措施

水源涵养与生态恢复：如退耕还滩、湿地恢复、植被重建等。

河道生态缓冲带构建：在河岸种植草本灌木、建设护岸林，增强自然净化能力。

外来物种控制：采用生物防控、人工移除等方式遏制入侵种对生态系统的破坏。

2．案例分析：厦门市九龙江流域污染源控制方案

九龙江是福建省第二大河流，也是厦门市的母亲河，其水资源与生态功能对区域可持续发展至关重要。然而，长期以来该流域面临"多源共存、多因交织"的污染困局。为此，当地政府综合采取了多元控制措施，形成系统治理范式，具体如下：

（1）污染源排查与水质监测体系构建

组织技术团队对全流域开展污染源普查，建立污染源台账，明确污染类型、位置和排放强度。同步建设水质自动监测网络，实现对重点断面、重点企业的实时在线监测与预警响应。

（2）工业污染治理

严格管控沿江企业排污许可和达标排放，推进清洁生产与循环经济。对超标排放企业依法依规处罚并限期整改，推动产能优化与绿色转型。

（3）农业面源污染治理

推广测土配方施肥、节水灌溉等低影响种植技术；支持发展生态农业和绿色农业，推动畜禽养殖废弃物资源化处理，提升农业面源的源头控制能力。

（4）农村生活污染整治

完善农村污水处理系统，推广"集中+分散"协同处理模式。建设生活垃圾收运体系，普及环保知识，提升农村居民环境意识与参与度。

（5）生态系统恢复与保护

实施"退耕还滩、退养还滩"工程，修复河岸湿地、构建生态缓冲带，恢复河道生态结构和功能；清理外来入侵物种，保障流域生态系统的稳定性和本地生物多样性。

九龙江流域综合整治的经验显示，污染源控制需统筹考虑工业、农业、农村多维压力，同时强化生态修复、制度保障和公众参与，才能实现水质改善与生态提升的协同推进。

五、河流污染源及排放标准

1．河流污染源

工业废水是河流污染的主要来源之一，特别是化工、纺织、印染、造纸、电镀等行业，其生产过程中产生的高浓度有机废水、重金属废水、酸碱废水等，若未经有效处理直接排放，将对河流生态系统造成毁灭性打击。农业面源污染主要源于化肥、农药的过量施用以及畜禽养殖废弃物的随意排放。这些污染物随雨水径流进入河流，导致水体富营养化，影响水质安全。生活污水排放也不容小觑，随着城市化进程的加快，生活污水排放量逐年增加。生活污水中含有大量有机物、氮磷营养物质、细菌病毒等，未经处理或处理不达标的污水直接排入河流，会严重污染水体。固体废物及垃圾污染也尤为严重，河流两岸及周边地区随意倾倒的垃圾，尤其是塑料、化学品包装物等难以降解的废弃物，通过雨水冲刷进入河流，不仅影响水质，还可能造成河流堵塞，影响防洪安全。

2．排放标准

（1）《地表水环境质量标准》

该标准按照水域使用目的和保护目标，将地表水划分为五类，并规定了相应的水质指标限值。其中，Ⅰ类水质最优，主要适用于源头水、国家自然保护区；Ⅴ类水质最差，主要适用于农业用水区及一般景观要求水域。各类水质指标涵盖了物理、化学、生物等多个方面，确保水体能够满足不同的环境功能需求。

（2）行业废水排放标准

针对不同行业的废水排放特点，我国还制定了相应的行业废水排放标准，如《纺织染整工业水污染物排放标准》（GB 4287—2012）、《制浆造纸工业水污染物排放标准》（GB 3544—2008）等。这些标准详细规定了各行业废水中主要污染物的排放限值，包括化学需氧量（COD）、氨氮、总磷、总氮、重金属等，要求企业在生产过程中采取有效措施控制污染物排放，确保废水排放达到标准要求。

任务三　生态护岸技术

一、生态护岸技术在国内外的应用

放眼国外，日本在20世纪90年代开展了创造多自然河流计划，并推出了植被型生态混凝土护岸技术；美国曾采用可降解生物纤维编织袋装土构建成台阶岸坡并种植植被，实践表明这种工程技术具有可靠的抗洪水能力；英国采用了近自然河道设计技术，拆除以往护岸工程上使用的硬质材料，建设生态型护岸工程。在我国，许多省市在城市河道生态修复的研究上也积累了一定的技术手段以及工程实践经验。例如，北京转河的生态改造工程、成都府南河望江公园自然型护岸工程、中山岐江公园亲水护岸工程。在广州，城市河道护岸建设多采用无砂混凝土植草皮、多边形预制混凝土块网格草皮以及三维土工网垫植草皮护坡等方式作为护岸。这些工程实践在遵从我国特定国情的基础上，借鉴了各国多自然型河流治理法的有益经验，在满足护岸工程稳定性、安全性的基础上获得了良好的景观及生态效果。

二、生态护岸技术介绍

生态护岸技术通过模拟自然河岸状态，利用植被、天然石材、木材等材料，结合必要的土木工程措施，对河道坡面进行防护，以达到防洪、生态、景观和自净等多重效果。这种技术有助于恢复河流生态系统的完整性和稳定性，促进人与自然的和谐共处，主要生态护岸类型见表3-6。

表 3-6　主要生态护岸类型、特点及优缺点

主要类型	特点	优点	缺点
自然原型护岸	仅通过种植植被来保护河岸，保持河流的原生特性	纯天然、无污染，投资较省，施工方便	抗洪水能力差，抗冲刷能力弱
自然型护岸	在种植植被的基础上，采用石材、木材等天然材料增强堤岸的抗冲刷能力	抗冲刷能力强，为水生生物提供栖息空间	投资较高，工程量较大，整体稳定性较差
多自然型护岸	在自然型护岸的基础上，采用混凝土、钢筋混凝土等材料进一步加强抗冲能力	抗冲刷能力强，能抵御洪水，兼具生态、景观和自净效益	施工难度大，投资成本高，使用非天然材料可能带来一定污染

三、生态护岸技术应用

1．浙江临海白沙湾修复案例

该项目依托蓝色海湾整治行动，实施七里海潟湖湿地生态保护修复工程。技术应用：通过生态护岸技术，修复了受损的岸线，岸线得到稳定，实施了退养还海措施，有效提升了生态系统功能，湿地生态系统逐渐恢复，为当地生物多样性保护和水质改善作出了贡献。

2．荣勋生态护岸技术应用

荣勋生态护岸技术采用具有生态孔洞结构的砌块形成自挡土、自反滤结构的砌体挡土墙。该技术为水生动物和植物提供了优越的生长环境，有助于恢复土壤、水体、空气的自然循环系统平衡。在福州洪阵河工程、福州白马河工程等中都实现了应用，通过荣勋生态挡墙技术的应用，实现了良好的绿化效果和水生态恢复。黄山新安江工程、江苏张家港工程等同样采用了荣勋生态护岸技术，取得了显著的生态效益和景观效果。

四、修复效果检测标准

欧盟《水框架指令》中用生态状态代表与地表水体有关的水生生态系统结构和功能质量，水体健康评价应选择与具体的压力胁迫最相关的指标。根据流域规模、已有监测方法和监测数据以及外界重大压力胁迫，可将监测指标分为水体物理化学质量要素、生物质量要素以及水文形态学质量要素三大类（表 3-7）。

表 3-7　欧盟《水框架指令》中河流健康指标体系

分项	河流
水体物理化学质量要素	总体状况：热状况、氧化状况、盐度、酸化、营养状态
	特征污染物：重点物质造成的污染、大量排入水体的其他物质造成的污染
生物质量要素	浮游植物组成与数量
	大型底栖无脊椎动物组成与数量
	鱼类的组成、数量与年龄结构
水文形态学质量要素	水文状况：水量及动力学特征、与地下水体的联系
	河流连续性
	形态情况：河流深度与宽度变化、河床结构与底质、河岸带结构

为贯彻落实党中央和国务院让江河湖泊休养生息的要求，加强流域生态环境保护，维护流域生态系统健康，环境保护部自然生态保护司于 2012 年 10 月下发了《关于开展流域生态健康评估试点工作的通知》（环办函〔2012〕1163 号），编制了《流域生态健康评估技术指南》，调查内容包括水域生态系统和陆域生态系统两部分。水域生态健康评估指标主要包括生境结构、水生生物和生态压力三类（权重 0.4）；陆域生态健康评估指标主要包括生态格局、生态功能和生态压力三类（权重 0.6）。指南中规范了河流健康的评估指标体系，见表 3-8。

表 3-8　流域生态健康评估指标体系

评估对象	指标类型	评估指标	指标权重
水域	生境结构（0.4）	水质状况指标（%）	0.4
		枯水期径流量占同期年均径流量比例（%）	0.3
		河道连通性	0.3
	水生生物（0.3）	大型底栖动物多样性综合指数	0.4
		鱼类物种多样性综合指数	0.4
		特有性或指示性物种保持率（%）	0.2
	生态压力（0.3）	水资源开发利用强度（%）	0.5
		水生生境干扰指数	0.5

任务四　水生植物修复技术

一、水生植物修复技术原理

受污染水体水生植物修复技术的原理是利用水生植物的生命活动，对水中污染物进行转移、转化及降解作用，从而使污染得到治理，水体得到恢复。本质上来说，这种技术是对自然界恢复能力和自净能力的一种强化。对受污染的江河湖库水体进行修复，已是社会经济发展及生态环境建设的迫切需要。特别是我国的开放水体污染严重，量大面广，寻找先进实用、造价低廉的技术迫在眉睫。

二、水生植物选择原则

1. 水质净化能力

不同的水生植物在河道水质净化中的综合功效有差异。因此，在工程中要充分考虑水生植物对氮及磷的去除能力、对水的耐污能力等因素，结合工程区域的水质现状进行合理选择。例如，金鱼藻、微齿眼子菜、苦草等水生植物具有抑制藻类生长的效果；伊乐藻和菹草对总磷的去除能力要优于微齿眼子菜和狐尾藻。

2. 区域环境适应能力

不同水生植物适应的气温、水深、光照等条件不同，因此必须选择适应工程区域环境现状的水生植物。尽可能地使用当地及附近的水生植物品种，这样有利于植物的良好生长，建立一个稳定的生态系统。例如，沉水植物只适应透明度高的水体，富营养化的水体通常悬浮物较多，会严重影响沉水植物进行正常的光合作用。耐寒的水生植物如西伯利亚鸢尾、灯心草等，在南方地区高温、长日照的季节中，通常生长缓慢甚至出现叶片泛黄现象。热带睡莲、纸莎草、大薸等只能在南方热带地区生长，在北方则无法过冬。

3. 成活率与后期管理需求

优先选择成活率高的水生植物，既能节约经济成本又能提高水质改善效率。水生植物管理的难易程度，主要与所选的植物种类有关。选择不会蔓生或不会自动播种的植物品种，会减少维护管理成本。那些能保持一定的生长秩序和状态的水生植物品种更易于管理。在选择水生植物时，还要考虑河道的环境特点及景观需求。例如，在通风地带，要避免种植易倒伏的品种。低矮、粗壮的植物品种抗风能力强。例如，水葱对环境适应性强，但其茎秆易折断，长势太密或遇大风易倒伏，在设计中应注意。

4. 生态平衡

严格遵循本地物种优先原则，以保证生态平衡。必须使用外来物种时，需进行充分的风险评估，确保其无入侵性。注意构建物种丰富、结构合理、功能互补的植物群落，避免产生过度竞争，抑制部分物种生长，降低群落整体效率和稳定性。

5. 底质适应性

底质对于水生植物主要有两个作用：一是固着或承载植株根系，二是给植物提供养分。设计和施工中需要考虑植物品种能否在河道底质上固着，如果固着不牢固，则需要考虑其他辅助措施进行栽植。同时，不同品种对养分的耐受程度有差别，河道底质养分过低或过高都不利于其生长，在设计和施工中可以做些小试，进行植物品种的调换，选择适宜的植物品种。例如，迎风岸边的底泥易被侵蚀，这对水生植物的种植不利。在人工浮床的应用中，水生植物的根系直接与水体接触，此时需要考虑的问题：一是浮床要有一定的强度，不易散架；二是根据此时河道的水质，选择适宜的植物品种。

三、主要水生植物及其净化效果分析

1. 挺水植物

挺水植物是指根扎于底泥，植物体上部或叶挺出水面的植物。这类植物在水上部分和空气中都能进行光合作用，并具有较强的适应能力和观赏价值。

慈姑：属于挺水植物。其植株较高，叶片箭形，叶柄长而挺出水面，花序也高出水面开花，果实成熟后开裂散落于水中。慈姑不仅具有观赏价值，其球茎还可食用和药用。

菖蒲：同样属于挺水植物。其根状茎粗壮，横走于泥中，叶片基生，剑形且挺直，花序也高出水面。菖蒲在园林中常用作水景配置，同时其根茎也是重要的中药材。

水葱：也是挺水植物的一员。其秆高大直立，叶片条形，基生或秆生，花序顶生。水葱在湿地修复和水体净化方面具有重要作用，同时其茎秆还可作为编织材料。

2. 沉水植物

沉水植物是指整个植物体都沉没在水面以下的植物。它们在水下进行光合作用，根系不发达或退化，以适应水中的低光照和缺氧环境。

苦草：根系相对发达，叶片茂盛，适应性极强，能在多种水域环境中生长，包括清水池、养鱼池、河道、湖泊等。苦草能够吸收水中的有机物、无机物及一些化学物质，将其固定在体内从而改善水质。

黑藻：黑藻在水体中形成密集的植被带，能够减缓水流速度，降低水流对河岸的侵蚀，此外，黑藻通过光合作用吸收水中的氮、磷等营养物质，从而减少水体中营养盐的浓度，减少水体富营养化的发生，可防止蓝藻水华的暴发。

3．漂浮植物

漂浮植物是指植物体完全漂浮在水面上的植物。它们的根系通常不发达，或仅有一些须根悬垂于水中，以吸收水分和养分。这类植物能够随着水流移动，具有较强的适应性和繁殖能力。

大藻：属于漂浮植物。其根状茎肥厚，叶片簇生于茎顶，整个植株漂浮在水面上。大藻生长迅速，能迅速覆盖水面，但过度生长也可能影响水体生态平衡。

4．净化效果

以常用的几种多年生水生植物为研究对象，测定植物地上部氮、磷含量及其生物量；同时，将这些植物固定于人工浮岛，培育一段时间后收割，重新测定地上部分相应氮、磷含量，估算各种植物对氮、磷的移除能力（表3-9）。

表 3-9　常用水生植物氮、磷去除效果

序号	植物	移除磷总量/ [g/（m²·a）]	序号	植物	移除氮总量/ [g/（m²·a）]
1	慈姑	30.49	1	泽苔	101.16
2	窄叶泽泻	28.49	2	紫芋	74.41
3	泽苔	25.22	3	水生美人蕉	65.60
4	大慈姑	23.93	4	野芋	62.96
5	千屈菜	23.48	5	灯心草	59.36
6	泽泻	22.99	6	千屈菜	57.74

四、成都锦江活水公园水生植物修复效果

在上海世博园的城市最佳实践区内，来自成都的活水公园引起了中外游客的关注。活水公园之所以能够登上世博会的大雅之堂，最吸引人的地方在于其污水处理的神奇功效，利用植物等生态系统，将死水变为活水。活水公园为各国污水处理提供了新思路。

活水公园的真身位于成都市内的府河边，是世界上第一座城市综合性环境教育公园。公园于 1998 年建成，面积达 2.4 万 m²。据了解，活水公园是整个成都市的"绿肺"之一，荣获多项国际环保大奖。区区一个公园，何以举世瞩目？原来，它除景观一流之外，还有环保的功能——日处理污水 300 t。话说 10 多年前的府河（当时又叫府南河），河面垃圾漂浮，异味难闻，以至于市民谈河色变。

1992 年，成都市政府决定对府河实施综合整治。1997 年，美国水保护协会创始人贝西在成都考察时提出建议：在河边建一个以水保护为主题的公园，向公众展示湿地的污水处理系统。在不断的摸索当中，工程师们将峨眉山的植被群落系统复制到这项治水工程当中，以完成净水循环。这个小型的峨眉山植物群落系统，作为活水公园生物净水系统的核心部分，一方面将山地的林带景观搬移到城市之中，起到了生态系统的微观调节作用，另一方面通过天然的植被净水，让死水变活。活水公园由此得名。担负主要净化工作的是活

水公园中约 20 个鱼鳞般的植物塘（床），因为不同的塘（床）及周边都会根据需要种植不同的植物，因此它们也构成活水公园"人工湿地"的一大特色景观。

人工湿地塘床中，种植了浮萍、紫萍、凤眼莲等漂浮植物，包括芦苇、水烛、茭白、伞草等在内的挺水植物，以及浮叶植物睡莲，还有金鱼藻、黑藻等几十种沉水植物，与自然生长的鱼、昆虫和两栖动物等，构成了良好的湿地生态系统和野生动物栖息地，既有分解水中污染物和净化水体的作用，又有很好的观赏性。

任务五　河流生态系统综合治理

一、泰晤士河综合治理案例分析

泰晤士河是英国第二大河，发源于英格兰西南部，全长 346 km，沿途横贯多座城市后，于首都伦敦入海。自工业革命以来，泰晤士河因为污染而一度成为一条臭气熏天的死河。但在治理多年之后，大自然展现出了巨大的恢复能力。这条曾经被宣告生物性死亡的河流，竟然清澈复苏，重新焕发勃勃生机。泰晤士河的治理是城市化、工业化背景下河流污染治理的经典案例，提供了宝贵的经验与教训。直到 19 世纪初，泰晤士河还渔业繁荣，除了盛产鲑鱼，欧鲽、雅罗鱼和比目鱼等鱼类也有较多捕捞。但此后鱼类资源便急速枯竭。到了 19 世纪四五十年代，鲑鱼彻底从泰晤士河消失。

泰晤士河已经污浊至此，却仍然是当时伦敦居民的主要用水来源。有记载表明，贫民们虽然明知泰晤士河中有大量的烂泥和垃圾，但仍不得不从河中取水饮用；在大恶臭期间，伦敦东区的穷人拿着器皿到处找水。由于水体长期污染，伦敦霍乱频发。1831 年到 1832 年、1848 年到 1849 年、1853 年到 1854 年和 1865 年到 1866 年，伦敦连续暴发的四次霍乱，夺走了 4 万多人的生命。

1. 治理措施

（1）由污染治理转向规范排放管理

大恶臭令治理泰晤士河被提上了议程。1858 年 8 月 2 日，议会扩大了大都市工程委员会的权力，授权它以合适的进度，尽快实施并完成改善伦敦主下水道的工程，让污水与垃圾不再于伦敦城区内注入泰晤士河。工程师约瑟夫·巴泽尔杰特受命主持此次下水道改建工作。

他依照伦敦东高西低的地形，顺势设计了三条主干道，再将各支线与主干道进行衔接。"过去，由于缺乏完善的污水处理技术，伦敦将城市污水通过导流管网引至泰晤士河出海口排出，并借助潮汐推动污水远离岸线。然而，这种做法对海洋环境造成了污染。随着环保理念的发展和技术进步，现代排污系统普遍要求污水在排放前进行严格处理，确保达标后再排入海洋或其他自然水体，以保障水生态系统的可持续性。"

（2）提高河水溶解氧的浓度

泰晤士河水务管理局在 1968 年购置了两台混合空气动力增氧机，每天向河水里注入 10 t 的氧气。20 世纪 80 年代初，水务局开发了一种基于河驳船的氧气发生器，并在 1988 年迭代升级为自供电的曝气复氧船。它们令泰晤士河的溶解氧恢复至足以支持鱼类种群生存的水平。

2．治理成效

经过大量的治理投入，从 1955 年到 1980 年，泰晤士河的污染物负荷降低了 90%，河水溶解氧的最低水平提高了 10%，取得了举世瞩目的污染治理成就。1967 年，比目鱼率先返回泰晤士河。紧接着，陆续有 19 种淡水鱼类和 92 种海洋鱼类出现在泰晤士河口和下游河段。而 1980 年前后鲑鱼的回归，被视为一个标志性事件。泰晤士河水务管理局向伦敦的一位钓鱼爱好者拉塞尔•多伊格颁发了奖项，因为他从泰晤士河钓起了绝迹已久的鲑鱼。如今，泰晤士河常出没的鱼类达 125 种，甚至偶尔会看到海马等外来物种。

二、保山东河综合治理案例分析

保山东河是怒江左岸一级支流勐波罗河的上游段，发源于隆阳区板桥镇王家箐。主河道自北向南流经保山坝后进入昌宁县，再由施甸县旧城乡大山寨汇入怒江，在昌宁县境内称为枯柯河，在施甸县境内称为勐波罗河。

东河全长 95.4 km（坝区段长 43 km），流域覆盖板桥、金鸡、汉庄等 13 个乡镇（街道）、189 个村（社区）、63 万人，承担着 14.5 万亩农田灌溉任务。流域内农作物种植面积达 74 万亩，畜禽养殖 3.1 万户、存栏 90 万头（只），水产养殖 198 户。

2021 年 4 月 7 日，中央第八生态环境保护督察组下沉保山市现场督察发现，近年来东河污染问题日益加剧，在城区上游来水基本保持 II 类水质的情况下，城区下游双桥、石龙坪监测断面水质相继恶化为劣 V 类。

1．治理措施

为确保东河如期实现治理目标，保山市高度重视，系统谋划，整体推动整改工作。成立由市委、市政府主要领导任双组长的工作领导小组，抽调人员成立市、区工作专班，举全市之力推动东河治理。

首先组织摸排，对东河流域水资源、水环境、水生态开展排查行动，抓准找实了东河存在的水资源匮乏、污染超负荷、生态空间不足三大病源。

在全面摸清东河治理工作底数基础上，保山市邀请专业技术团队编制了 1+N 治理方案，包括 1 个《保山市东河流域水污染问题整改目标任务总体方案》和水质达标、清淤、排污、防洪、岸线管控、面源治理等 N 个专项技术方案。保山市提出了严格依法依规治理、提高截污及处理能力、严格清淤控源、加强节水利用、联动搞活水体、加强生态修复和环境治理 6 个方面的 42 项具体措施。

2．治理成效

（1）水质改善

2021 年，沙坝国控断面、叠水河桥省控断面、石龙坪断面水质分别为Ⅲ类、Ⅴ类、Ⅴ类，水质恶化趋势得到遏制。

2022 年，主要监测断面水质较 2021 年均提升 1 个类别，提前 1 年实现脱劣目标。

2023 年，沙坝国控断面水质为 II 类，较 2021 年的Ⅲ类提升 1 个类别；叠水河桥省控断面、石龙坪断面水质均为Ⅳ类，较 2021 年的 V 类提升 1 个类别，水质实现稳定脱劣。

2023 年年底，保山市已完成东河治理阶段性任务，东河水质持续向上、向好提升，石龙坪、叠水河桥监测断面水质实现稳定脱劣，2021—2023 年度目标按期实现。

（2）污染源得到控制

首先，进行工业污染治理，沿岸工业企业的废水排放得到有效控制，环保监管力度加强，违法排污行为得到严厉打击；其次，进行农业面源污染治理，通过推广环保农业技术、建设生态农田等措施，农业面源污染得到有效遏制，化肥和农药施用量减少，畜禽粪污资源化利用水平提高；最后，进行生活污水治理，城市污水收集和处理系统逐步完善，生活污水得到有效处理，减少了污水直排东河的现象。

三、综合治理效果监测

效果监测的类型主要有水质监测、水量与流速监测、工程结构监测，具体监测内容及方法见表3-10。

表3-10　治理效果监测清单

监测类型	监测内容	监测方法
水质监测	（1）基本理化指标：包括水温、pH、溶解氧（DO）、电导率、浊度等。 （2）营养盐指标：总氮（TN）、总磷（TP）、氨氮（NH₃-N）等，用于评估水体富营养化情况。 （3）有机污染指标：化学需氧量（COD）、生化需氧量（BOD）等，反映水体中有机污染物的含量。 （4）重金属及有毒物质：铅、镉、汞等重金属及有机污染物如多环芳烃（PAHs）等	（1）自动监测站：在河流关键断面设置水质自动监测站，实现24 h连续监测，确保数据的实时性和准确性。 （2）人工采样分析：定期（如每月或每季度）进行人工采样，送至实验室进行详细分析，以验证自动监测数据并发现潜在问题
水量与流速监测	河流的水位、流量和流速变化，反映河流的水文特征和水资源情况	（1）水位计：安装在河流断面，实时记录水位变化。 （2）流速仪：如超声波流速仪、转子流速仪等，用于测量河流流速。 （3）流量计算：结合水位和流速数据，通过公式计算河流流量
工程结构监测	河道整治工程、堤防巩固工程等结构物的稳定性和安全性	（1）监测仪器：如位移传感器、应力传感器等，安装在工程结构的关键部位，实时监测结构物的变形和应力状态。 （2）定期检查：组织专业人员对工程结构进行定期检查，评估其稳定性和安全性

思考题

1. 对于不同的污染源（如工业排放、农业面源污染、生活污水及固体废物）分别采用哪些技术手段调查？

2. 在众多河流污染修复技术中，如何根据污染特征、环境条件及经济条件筛选出合适的一种或几种技术？如果是几种技术如何有效整合并进行综合使用？

3. 想一想怎样建立有效的公众参与机制，激发社会各界对河流污染修复工作的关注与支持？

项目三　小贴士

项目四　湿地生态修复工程

【学习目标】以深圳湾红树林为例，深入学习退化湿地调查步骤流程、探讨湿地生态修复技术，让学生了解湿地退化后的修复策略，认识湿地生态系统的特点和功能。

【学习任务】认识如何进行湿地修复，围绕水鸟栖息地修复、红树林植被修复、外来物种及病虫害防治，逐步学习湿地生态修复的流程步骤。了解湿地生态修复的基本原理和方法，掌握湿地生态本底调查的内容及技术方法，开展湿地退化因子的分析，探究湿地生态修复的效益和可行性。

📁 任务导入

在本项目中，我们将学习何谓湿地、湿地生态系统，了解湿地的分布以及退化原因，并以深圳湾红树林修复项目为例，结合湿地修复的实际工程实践，以五个任务为导向介绍湿地修复的全过程。红树林生态本底调查是修复工作的起点，需要对现有红树林的生态状况进行全面调查，包括物种多样性、生境条件、水文特征等，为后续修复提供基础数据。水鸟栖息地功能、红树林植被、外来物种和病虫害防控是深圳湾红树林修复的三大主要内容，将会在任务二、任务三、任务四中依次介绍。任务二和任务三是修复工作的核心，直接关系到湿地生态系统的结构和功能恢复。任务四是保障修复成果的关键，防止外来物种和病虫害对湿地生态系统的二次破坏。任务五湿地监测与评价是湿地修复工作的持续保障，通过对湿地的监测和评价，确保湿地修复效果的持续性和有效性，持续监测修复区域的生态变化，评估修复效果，为长期管理和进一步修复提供依据（图 4-1）。

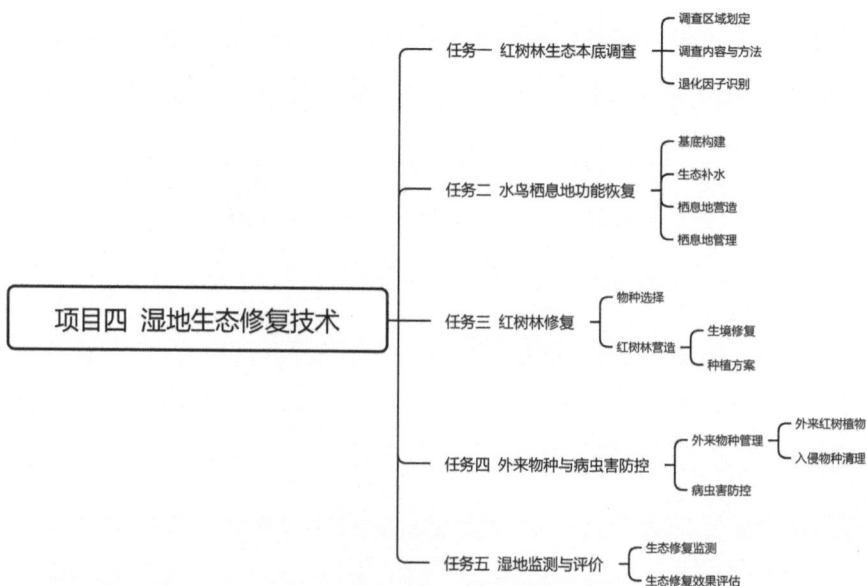

图 4-1　湿地生态修复工程思维导图

一、认识湿地与湿地生态系统

（一）湿地的定义和分类

1．湿地的定义

湿地是介于陆地和水域之间的特殊地貌类型，具有周期性或永久性的水体覆盖，土壤湿润或饱和状态的生态系统。

2．湿地的分类

根据我国湿地资源的现状以及《拉姆萨尔公约》对湿地的分类系统，我国湿地共分沼泽湿地、湖泊湿地、河流湿地、滨海湿地、人工湿地五大类。

（1）沼泽湿地

我国现有沼泽湿地 1370.03 万 hm^2，共分为 8 个类型。

1）藓类沼泽：以藓类植物为主，盖度为 100%的泥炭沼泽。

2）草本沼泽：植被盖度≥30%、以草本植物为主的沼泽。

3）沼泽化草甸：包括分布在平原地区的沼泽化草甸以及高山和高原地区具有高寒性质的沼泽化草甸、冻原池塘、融雪形成的临时水域。

4）灌丛沼泽：以灌木为主的沼泽，植被盖度≥30%。

5）森林沼泽：有明显主干、高于 6 m、郁闭度≥0.2 的木本植物群落沼泽。

6）内陆盐沼：分布于我国北方干旱和半干旱地区的盐沼。由一年生和多年生盐生植物群落组成，水含盐量达 0.6%以上，植物盖度≥30%。

7）地热湿地：由温泉水补给的沼泽湿地。

8）淡水泉或绿洲湿地。

我国沼泽分布以东北三江平原、大兴安岭、小兴安岭、长白山地、四川若尔盖和青藏高原为多，各地河漫滩、湖滨、海滨一带也有沼泽发育，山区多木本沼泽，平原则草本沼泽居多。

（2）湖泊湿地

我国现有湖泊湿地 835.15 万 hm^2，分为 4 个类型。

1）永久性淡水湖：常年积水的海岸带范围以外的淡水湖泊。

2）季节性淡水湖：季节性或临时性的洪泛平原湖。

3）永久性咸水湖：常年积水的咸水湖。

4）季节性咸水湖：季节性或临时性积水的咸水湖。

我国湖泊湿地分布主要划分为五大区域，即长江及淮河中下游、黄河及海河下游和大运河沿岸的东部平原地区湖泊；蒙新高原地区湖泊；云贵高原地区湖泊；青藏高原地区湖泊；东北平原地区与山区湖泊。

（3）河流湿地

我国现有河流湿地 820.70 万 hm^2，分为 3 个类型。

1）永久性河流：仅包括河床，也包括河流中面积小于 100 hm^2 的水库（塘）。

2）季节性或间歇性河流。

3）洪泛平原湿地：河水泛滥淹没（以多年平均洪水位为准）的河流两岸地势平坦地

区，包括河滩、泛滥的河谷、季节性泛滥的草地。

受地形、气候影响，河流在地域上的分布不均匀，绝大多数河流分布在东部气候湿润多雨的季风区，西北内陆气候干旱少雨，河流较少，并有大面积的无流区。

（4）滨海湿地

我国现有滨海湿地 594.17 万 hm^2，分为 12 个类型。

1）浅海水域：低潮时水深不超过 6 m 的永久水域，植被盖度<30%，包括海湾、海峡。

2）潮下水生层：海洋低潮线以下，植被盖度≥30%，包括海草层、海洋草地。

3）珊瑚礁：由珊瑚聚集生长而成的湿地，包括珊瑚岛及其有珊瑚生长的海域。

4）岩石性海岸：底部基质 75%以上是岩石，植被覆盖度<30%的硬质海岸，包括岩石性沿海岛屿、海岩峭壁。

5）潮间沙石海滩：潮间植被盖度<30%，底质以沙、砾石为主。

6）潮间淤泥海滩：植被盖度<30%，底质以淤泥为主。

7）潮间盐水沼泽：植被盖度≥30%的盐沼。

8）红树林沼泽：以红树植物群落为主的潮间沼泽。

9）海岸性咸水湖：海岸带范围内的咸水湖泊。

10）海岸性淡水湖：海岸带范围内的淡水湖泊。

11）河口水域：从进口段的潮区界（潮差为零）至口外海滨段的淡水舌锋缘之间的永久性水域。

12）三角洲湿地：河口区由沙岛、沙洲、沙嘴等发育而成的低冲积平原。

我国海滨湿地主要分布于沿海省（自治区、直辖市）。海滨湿地以杭州湾为界，杭州湾以北除山东半岛、辽东半岛的部分地区为岩石性海滩外，多为沙质和淤泥质海滩，由环渤海和江苏滨海湿地组成；杭州湾以南以岩石性海滩为主，主要河口及海湾有钱塘江－杭州湾、晋江口－泉州湾、珠江口河口湾和北部湾等。

（5）人工湿地

我国人工湿地资源比较丰富，其中库塘（水库和大型池塘）面积为 228.5 万 hm^2，共分为 10 个类型。

1）水产池塘：如鱼、虾养殖池塘。

2）水塘：包括农用池塘、储水池塘，一般面积小于 8 hm^2。

3）灌溉地：包括灌溉渠系和稻田。

4）农用泛洪湿地：季节性泛滥的农用地，包括集约管理或放牧的草地。

5）盐田：晒盐地、采盐场等。

6）蓄水区：水库、拦河坝、堤坝形成的一般大于 8 hm^2 的储水区。

7）采掘区：积水取土坑、采矿地。

8）废水处理场所：污水处理厂、处理池、氧化池等。

9）运河、排水渠：输水渠系。

10）地下输水系统：人工管护的岩溶洞穴水系等。

（二）我国湿地分布

遥感监测结果显示，2020 年我国湿地面积约为 41.2 万 km^2，居亚洲第一位。从寒温带到热带、从沿海到内陆、从平原到高原山区都有湿地分布，为许多水禽和水生生物提供了重要的栖息地。其中包括东北山地、平原湿地，华北平原湿地，长江中下游湿地，江南湿地，蒙新干旱、半干旱地区湿地，云贵高原湿地，青藏高原湿地等。

东北山地、平原湿地主要包括黑龙江省、吉林省、辽宁省及内蒙古东部地区。由大小兴安岭、长白山湿地及松辽平原、三江平原湿地构成。东北山地、平原湿地是中国湿地生态系统的重要组成部分，主要分布在黑龙江、吉林和辽宁三省。其涵盖沼泽湿地、湖泊湿地、河流湿地等类型，具有显著的区域特征和生态价值。东北山地、平原湿地分布于大兴安岭、小兴安岭及长白山等山地地区，湿地多沿河谷分布。区域气候寒冷湿润，冬季长而寒冷，夏季短而温暖，适宜沼泽湿地发育。三江平原与松嫩平原湿地在全球范围内具有重要地位。主要类型有沼泽湿地、湖泊湿地、河流湿地等。

华北平原湿地主要为温带半湿润气候，由黄淮平原、海河平原构成，主要为芦苇沼泽。华北平原上分布着许多洼淀、古河道、河间带、河口三角洲，黄河是本区沼泽形成的主要水源。滨海湿地主要为淤泥质滨海湿地。由于河流携带大量泥沙、淤积，滨海湿地面积不断扩大。湿地类型自然保护区有黄河三角洲自然保护区、长岛自然保护区、荣成大天鹅自然保护区、微山南四湖自然保护区等。

长江中下游湿地主要为北亚热带湿润气候，由长江及其支流泛滥而成的湿地以及海岸湿地构成，是我国淡水湖泊分布最集中、最具代表性的地区。我国著名的五大淡水湖——鄱阳湖、洞庭湖、太湖、洪泽湖和巢湖都分布在该区。河网纵横，湖泊密布，河湖关系密切，尤其是在洪水季节，湖泊有明显的径流调节作用。水资源丰富，农业开发历史悠久，是水稻田分布广、面积最集中的地区，是我国重要的粮、棉、油和水产基地，有东洞庭湖、崇明东滩、盐城等湿地类型自然保护区。

江南湿地为南亚热带、热带湿润气候；主要由仙霞岭、武夷山、南岭、云贵高原以南的湿地构成，部分地区有薹草、泥炭藓沼泽分布；以岩石性海滩为主，我国红树林湿地、珊瑚礁分布在该区；有福田—内伶仃岛、湛江红树林、东寨港、南澳候鸟、米埔等湿地类型自然保护区。

蒙新干旱、半干旱地区湿地为温湿带干旱、半干旱气候；主要由青藏高原、秦岭以北、天山以南、大兴安岭以西的湿地构成；沼泽类型为薹草沼泽和芦苇沼泽。本区湖泊部分为构造湖，有少数小型风蚀湖，多数为内陆咸水湖。区内湖泊多为内陆水系的最后归宿地，由于改道，区内有些湖泊具有游移的性质甚至消失。博斯腾湖、天池、乌梁素海、岱海、巴音布鲁克湖是水禽重要繁殖地，其中巴音布鲁克湖区是大天鹅重要繁殖区。

云贵高原湿地为亚热带湿润、半湿润气候，主要由云南、贵州、四川西部的湿地构成，分布有薹草、泥炭藓沼泽和芦苇沼泽。该区绝大部分湖泊系地层断裂陷落而成，也有部分岩溶湖；主要湖泊有滇池、洱海、抚仙湖、泸沽湖及草海等；另外还有金沙江、南盘江、乌江、澜沧江、怒江等水系；有天池、滇池、泸沽湖等湿地类型自然保护区。

青藏高原湿地是我国特有的一类湿地，为独特的高原寒冷气候。具有区域代表性的沼泽类型为蒿草、薹草沼泽，分布较广泛。区内湖泊众多，多为构造运动和冰川作用形成的湖泊，湖泊海拔一般在 4 000 m 以上。除东部和南部有部分外流湖为淡水湖外，其他多为内陆咸水湖。长期以来，西藏高原有气候变干的趋势，许多湖泊日益缩小，湖水浓缩，湖滨出现大面积的沼泽和草甸。本区较大湖泊有青海湖、扎陵湖、鄂陵湖、那木错、班公湖及羊卓雍错等。本区是长江、黄河的发源地。湿地类型自然保护区有若尔盖辖曼、鸟岛、羌塘、申扎等。

（三）湿地生态系统

1. 湿地生态系统的组成

湿地生态系统的组成包括生物要素和非生物要素两大部分，非生物要素包括水、土壤、气候等。生物要素包括湿地生态系统的生产者（湿地植物）、湿地生态系统的消费者（哺乳类、两栖类和爬行类以及各种水生动物及底栖无脊椎动物等）、湿地生态系统的分解者（湿地微生物）等。

2. 湿地生态系统的功能

物质和能量在生态系统中的流动、转化和储存，共同体现了生态系统的功能特征。湿地是水体和陆地之间的过渡型自然综合体，和自然界其他生态系统一样，也是一个物质循环和能量转换系统。

（1）湿地水资源功能

1）提供水源：湿地常常作为居民生活用水、工业生产用水和农业灌溉用水的水源。溪流、河流、池塘、湖泊中都有可以直接利用的水。其他湿地，如泥炭沼泽森林可以成为浅水水井的水源。

2）补充地下水：湿地可以为地下蓄水层补充水源。从湿地到蓄水层的水可以成为地下水系统的一部分，又可以为周围地区的工农业生产提供水源。如果湿地受到破坏或消失，就无法为地下蓄水层供水，地下水资源就会减少。

（2）湿地抵御自然灾害的功能

1）调节流量，控制洪水：湿地是一个巨大的蓄水库，可以在暴雨和河流涨水期储存过量的降水，均匀地把径流放出，减弱危害下游的洪水，因此保护湿地就是保护天然储水系统。

2）防风护堤：湿地中生长着多种多样的植物，这些湿地植被可以抵御海浪、台风和风暴的冲击，防止对海岸的侵蚀，同时它们的根系可以固定、稳定堤岸和海岸，保护沿海工农业生产。如果没有湿地，海岸和河流堤岸就会遭到海浪的破坏。

（3）地球之肾

1）清除和转化毒物与杂质：湿地有助于减缓水流的速度，当含有毒物和杂质（农药、生活污水和工业排放物）的流水经过湿地时，流速减慢，有利于毒物和杂质的沉淀与排除。

2）保留营养物质：流水流经湿地时，其所含的营养成分被湿地植被吸收，或者累积在湿地泥层之中，净化了下游水源。湿地中的营养物质养育了鱼虾、树林、野生动物和湿地农作物。

（4）湿地生物多样性保护功能

湿地具有丰富的基因库，我国湿地分布于高原平川、丘陵、海涂多种地域，跨越寒、温、热多种气候带，生境类型多样，生物资源十分丰富。据初步调查统计，全国内陆湿地已知的高等植物有 1 548 种，高等动物有 1 500 种；海岸湿地生物物种约有 8 200 种，其中植物 5 000 种、动物 3 200 种。在湿地物种中，淡水鱼类有 770 多种，鸟类 300 余种。特别是鸟类在我国和世界都占有重要地位。据相关资料，湿地鸟的种类约占全国的 1/3，其中有不少珍稀种。世界 166 种雁鸭中，我国有 50 种，占 30%；世界 15 种鹤类，我国有 9 种，占 60%，在鄱阳湖越冬的白鹤，占世界总数的 95%。亚洲 57 种濒危鸟类中，我国湿地内就有 31 种，占 54%。这些物种不仅具有重要的经济价值，还具有重要的生态价值和科学研究价值。

3．湿地生态系统的特点

湿地生态系统与其他生态系统相比，具有以下特点。

（1）脆弱性

水是建立和维持湿地及其过程特有类型的最重要决定因子，水流动是营养物质进入湿地的主要渠道，是湿地初级生产力的决定因素，因此，湿地对水资源具有很强的依赖性。由于水文状况易受自然及人为活动干扰，所以湿地生态系统也极易受到破坏，且受破坏后难以恢复，表现出很强的脆弱性。

（2）过渡性

湿地同时具有陆生和水生生态系统的地带性分布特点，表现出水陆相兼的过渡性分布规律。

（3）结构和功能的独特性

湿地一般由湿生、沼生和水生植物、动物、微生物等生物因子以及与其紧密相关的阳光、水分、土壤等非生物因子构成。湿地水陆交界的边缘效应使湿地具有独特的资源优势和生态环境特征，为多样的动、植物群落提供了适宜的生境，具有较高的生产力和丰富多样的生物多样性。

（4）较强的自净和自我恢复能力

湿地通过水生植物和微生物的作用以及化学、生物过程，吸收、固定、转化土壤和水中的营养物质，降解有毒和污染的物质，净化水体。因此，湿地具有较强的自净和自我恢复能力。

二、湿地退化的原因

1．人为因素

土地开发和填海造地：大规模的城市化和农业用地扩张导致湿地被填充及破坏，用于房地产开发、工业用地和农业耕地等。

水资源开发和排放污水：大规模的水资源开发、水利工程建设和工业、农业废水的排放，导致湿地水体污染和干涸。

过度捕捞和非法狩猎：过度捕捞和非法狩猎导致湿地生物资源减少，生态平衡遭到破坏。

外来入侵物种：引入的外来物种对湿地生态系统构成威胁，破坏了原有生态结构。

2．自然因素

自然因素主要包括气候变化、地质构造和地壳运动等因素。气候变化：气候变化引起的海平面上升和极端天气事件等，对沿海湿地和河口湿地产生直接影响。地质构造和地壳运动；地质构造和地壳运动导致湿地地貌的变化与湿地的消失。气象灾害干旱、洪水、风暴等气象灾害也会造成湿地生态系统的破坏和退化。

湿地退化和破坏威胁着湿地生态系统的健康与稳定，为了保护湿地的生态价值，需要采取有效的措施进行湿地生态修复和保护。

3．水污染的影响

水污染对湿地生态系统产生广泛而深远的影响，其中主要包括：

1）生物多样性损失：水体污染导致湿地内的水生植物和动物死亡，生物多样性受到严重威胁，一些珍稀濒危物种甚至可能灭绝。

2）水质恶化：污染水体中的有害物质进入湿地，破坏湿地的水质，使湿地无法为生物提供良好的栖息环境。

3）生态功能下降：水污染影响湿地的水位、水动力学和生态过程，使湿地的自净能力和水资源调节功能下降。

4）底泥污染：水污染导致湿地底泥沉积物中富集有毒有害物质，影响湿地的底栖生物和底泥微生物的生态功能。

5）生态平衡破坏：水污染导致湿地内的生态平衡受到破坏，生态系统的稳定性和可持续性受到威胁。

三、案例导入：基于自然修复方案的深圳湾红树林修复项目

背景：深圳湿地资源调查结果显示，深圳市湿地总面积为 35 748 hm²，其中红树林面积为 296.18 hm²，有一半以上在深圳湾。由于外来植物入侵、填海作业等，深圳湾及其他红树林生长区的滩涂加速淤积，滩涂面积持续减少，导致红树林的生境退化，生物多样性降低，水鸟以及底栖生物活动空间减少，对红树林的防风消浪、促淤保滩、固岸护堤、净化海水的功能发挥都产生不良影响。

措施：深圳市政府坚持刚性系统保护的原则，积极践行"绿水青山就是金山银山"理念，在深圳湾滨海片区开展了系列红树林湿地修复行动。按照既服务于越冬水鸟的栖息需求，又满足城市发展和市民需求的原则，采用基于自然的解决方案，通过入湾河道综合治理、鱼塘水鸟栖息地功能恢复、外来物种与病虫害防控及种植红树林等措施，系统恢复深圳湾滨海红树林湿地生态系统的结构与功能。

效果：红树林湿地功能恢复后，生物多样性不断提升。秋茄、木榄、桐花树、老鼠簕等植物丰富度增加，植被覆盖度达 95%以上。修复区内动物多样性也更加丰富，水鸟种类和数量均显著增加。一系列的修复措施对维护深圳湾在候鸟迁徙路线上的生态地位和价值起到了十分重要的作用，特别是对濒危珍稀鸟类黑脸琵鹭数量的稳步增长起到了积极作用。全球黑脸琵鹭数量从 2000 年的 825 只增加到 2020 年的 4 864 只，深圳湾的黑脸琵鹭数量从 135 只增加到 361 只。

深圳湾每 100 hm² 红树林每年从大气中吸收近 4 000 t 二氧化碳。红树林对于碳固定、缓解气候变化、实现碳中和具有重要作用。深圳湾水面开阔，沿岸分布大面积红树林，通过水的汽化和植物的蒸腾作用达到散热降温、直接调节区域气候的效果，大幅缓解了深圳市的城市热岛效应。

习近平总书记强调，要坚持山水林田湖草沙一体化保护和系统治理，构建从山顶到海

洋的保护治理大格局，综合运用自然恢复和人工修复两种手段，因地因时制宜、分区分类施策，努力找到生态保护修复的最佳解决方案。《湿地公约》第十四届缔约方大会上，中国宣布将加强湿地保护的国际合作，在深圳建立国际红树林中心。湿地保护刻不容缓，且日益重要。湿地保护在水源修复工程中扮演着至关重要的角色，它不仅有助于维持生态平衡、净化水质、增强水源涵养能力，还具有显著的碳汇功能，应对气候变化具有积极作用。此外，湿地的保护和修复对生物多样性的维护、蓄洪防旱能力的增强以及社会经济的可持续发展都至关重要。中国通过立法和政策支持，如《中华人民共和国湿地保护法》和《全国湿地保护规划（2022—2030 年）》，明确了湿地保护的总体要求和重点任务，展现了对湿地保护的坚定承诺和对全球湿地生态环境保护事业的重要贡献。

深圳湾红树林湿地是一个典型的滨海湿地，被誉为"海岸卫士""蓝碳明星""天然物种库"，修复工作刻不容缓。红树林生态修复的工作内容包括生态本底调查、退化因子识别、修复规划设计方案、水文恢复、植被恢复、入侵物种管理、生物多样性增强、监测与评价等。在对基于自然的解决方案的深圳湾红树林修复项目的了解下，本项目将通过任务引导的方式，重点介绍红树林生态本底调查、水鸟栖息地功能恢复、红树林修复、外来物种与病虫害防控以及湿地监测与评价，以实际案例剖析湿地修复过程。

任务一 红树林生态本底调查

生态本底调查是恢复湿地生态的前期准备工作，主要是为了建立对湿地生态系统现状的基线认识，包括红树林植被、生境要素、水质和土壤条件等，识别湿地退化的程度和原因，确定需要干预的关键区域和设定可衡量的修复目标，为规划有效的修复策略提供必要的数据。

一、调查区域划定

根据《红树林生态修复手册》修复规程，对于退化红树林、滩涂或者退养的养殖塘等已经确定修复对象的恢复工程，调查区域为准备修复的区域及其周边区域。针对某个区域内的红树林进行修复，但未明确修复区域时，调查区域应该包括涵盖红树林分布区域所在的河口、海湾等区域。

调查样地的选择需具有代表性和典型性，避免在权属不清、变更频繁的地区选择样地。外业采样一般依托已有固定样地，并根据各区域实际情况适当安排，如在生态系统类型交错和湿地生态系统复杂的区域适当增加样点。在类型单一的区域可适当减少样地个数等。

以下为划定调查区域时，需要考虑的内容：

1）生境类型和分布：首先需要了解红树林湿地中不同生境类型（如红树林林带、河口、潮间带等）的分布情况。选择代表性的样地能够反映整个生境的特征。

2）物种多样性：考虑红树林生态系统中物种的多样性，选择能够代表不同物种组成和丰度的调查区域。通常需要在不同的生境类型和植被结构下进行调查。

3）人为干扰：避免选择有明显人为干扰或污染的区域。选择相对自然状态良好的区域进行调查，以确保调查结果的代表性和准确性。

4）样地大小和布局：样地的大小应该足够大，以能够捕捉到物种多样性和空间异质性。样地的布局应该是随机或者在整个调查区域内均匀分布，以避免样地选择上的偏移。

5）时间和季节：考虑季节性变化对红树林生态系统的影响，选择调查时间点和季节是至关重要的。例如，潮汐和季节性降水会对物种的分布和活动产生影响。

6）环境因素和生态过程：考虑环境因素如盐度、水质、潮汐等对红树林生态过程的影响，以确保选择的调查区域代表了这些生态过程的典型情况。

二、调查内容与方法

根据《红树林生态修复手册》，红树林生态本底调查的内容，包括红树林植被、其他生物群落、生境条件、威胁因素、保护现状、重要生态过程和功能（表4-1）。

表4-1 红树林本底调查内容

类别	内容	指标
红树林植被	植被覆盖	面积、分布边界、林带宽度、郁闭度/覆盖度、斑块数量等
	植物群落特征	物种、密度、基径/胸径、株高、生物量、伴生/附生植物的物种、冠层结构等
	繁殖体情况	繁殖体类型、成熟期、幼苗
其他生物群落	底栖生物群落	大型底栖动物、小型底栖动物、底栖藻类和沉积物微生物的物种、密度、生物量等
	鱼卵仔鱼	种类和数量等
	鸟类	类群、物种和数量等
生境条件	气候条件	最冷月平均气温、极端低温、降水量和气候事件等
	地形和水文动力条件	波高、流速、流向、潮汐特征、高程、淹水时间、冲淤环境、沉积速率等
	沉积物环境	粒度、间隙水盐度/土壤全盐含量、氧化还原电位、酸碱度、有机碳、总氮、总磷、无机氮、典型污染物等
	水体环境	盐度、悬浮颗粒物含量、总有机碳、总氮、总磷、无机氮、无机磷、重金属和抗生素等典型污染物等
威胁因素	民众开发活动	在红树林讨小海、禽畜养殖、采集果实等
	生活生产和海岸工程影响	污染物排放和海漂垃圾的种类、影响面积和强度，海岸工程建设对生境的影响等
	敌害生物	互花米草、鱼藤、薇甘菊等有害生物的影响面积
保护、管理和利用现状	国土空间规划和开发现状	修复区域所有权属、使用现状、国土空间规划，其他重要生境保护现状等
	生态修复项目开展情况	修复区域、物种及关键技术等修复方案，区域种苗供应能力等
重要生态过程和功能	植被生长	株高、基径/胸径、净初级生产力等
	植被自然更新	物候、繁殖体产量、林下幼苗数量、林缘滩涂幼苗数量等
	消波缓流	波高和流速等
	固碳和碳储量	有机碳沉积速率、生物量年增长量、生物量碳储量、沉积物碳储量、温室气体通量等

调查方法一般为遥感分析、历史资料收集、现场调查、无人机航拍、问卷调查、访问座谈等，可根据工程实际情况进行选用。

三、退化因子识别

生态退化诊断是在生态本底调查的基础上，分析退化红树林和参照生态系统红树林的状态，得出红树林退化原因、退化程度并评估退化红树林的可修复性。

在深圳湾红树林修复工程中，通过生态本底调查数据和历史数据的比对，可知入湾河道水质较差、水鸟栖息地遭到破坏，同时存在外来物种入侵等状况。在此调查基础之上，深圳市委、市政府启动了深圳湾滨海红树林湿地生态修复项目。开展了入湾河道综合治理、鱼塘水鸟栖息地功能恢复、外来物种与病虫害防控以及种植红树林等工程措施。

任务二　水鸟栖息地功能恢复

我国的湿地水鸟种类丰富。我国有湿地水鸟 12 目 32 科 271 种，包括国家重点保护的水鸟和属国家保护的有益或者有重要经济、科学研究价值的水鸟。这些鸟类不仅在湿地生态系统中扮演着重要角色，而且很多种类具有很高的保护价值和科研意义。

湿地水鸟主要分为两大生态类型：游禽和涉禽。游禽适应在水中游泳和潜水捕食，如潜鸟目、鹏鹕目、䴙䴘形目、鹈形目和雁形目的所有种类，以及鸥类。涉禽则适应在浅水、滩地与岸边涉行捕食，如鸻形目的鸟类，它们通常具有长腿、尖喙和长而尖的翅。其分布与各地的气候、水文、植被等自然地理特点相适应，北方以夏候鸟和旅鸟占优势，而南方则以冬候鸟和留鸟为主。许多水鸟在北方繁殖，到南方越冬。

深圳市福田红树林国际重要湿地是广东内伶仃—福田国家级自然保护区的重要组成部分，也是东亚—澳大利西亚国际候鸟迁徙路线中的越冬地和中转站。依据相关资料，每年有数十万只水鸟在深圳湾落脚。福田红树林湿地中的鱼塘总面积约 63.17 hm²，一共分为 11 号鱼塘。在生态本底调查中，1～11 号鱼塘共记录到鸟类 120 种、75 549 只，总体呈现夏季少、冬季多的动态变化趋势。福田红树林湿地以五大类（鸻鹬类、雁鸭类、鹭类、秧鸡类和鸬鹚类）水鸟和黑脸琵鹭为目标水鸟。综合身长、生态型、居留型等因素，对目标水鸟进行生境需求分析，分析其空间偏好和对人为干扰的耐受度，以确定生境需求及其相关指标。

水鸟栖息地需要提供大片连续的开阔水面以满足集群飞翔及安全性需求；创造浅水位以满足觅食需求；营建一定比例的光滩、裸岛等供休息停留，同时在其周边需要有少量水生植物斑块、避免高大乔木，并避免噪声干扰等。

经调查深圳湾湿地存在六大共性问题，即①水面小：凤塘河东岸大部分鱼塘面积为 3～5 hm²，但各鱼塘内部被堤岸分隔成多个面积约 1 hm² 的小水塘。②水位深：目前大多数鱼塘水深均在 2 m 左右，并呈现从南到北、从西到东逐渐加深的趋势，东岸 8、9、11 号鱼塘水深可达 2.5～3 m。③水动力条件不足：鱼塘与深圳湾之间主要通过潮沟进行物质与能量交换，潮沟上水闸为传统的升降模式，且水闸箱体高于塘底，水体交换困难。④缺乏光滩、裸岛：现状鱼塘中堤岸、岛屿上的植物高大郁闭，塘内水生植物生长过快、过密。水域中央的小岛数量较少，且岛上植物生长茂盛，缺乏光滩小岛。⑤入侵植物多：堤岸上入侵植物和外来植物数量众多，生长速度快，破坏了本地原生态环境条件。⑥人类活动干扰大：鱼塘北部受城市环境与巡护活动干扰大。

一、基底构建

利用机械手段将大型涉禽的栖息地中所有的水域整合为连续开阔的大水面，并通过水闸调控和梯级塘底调整，将中心区的水深控制在 5～25 cm，实现各水域的功能性连通。参考《滨海湿地水鸟栖息地修复技术规程》，可通过以下步骤进行构建。

1）利用机械手段将存在的土围堰推平。

2）通过原有的潮沟或修建 1 m 水闸的涵洞，使恢复区域与海域连通，保持潮水进出。

3）保留靠近陆地一侧芦苇，清除靠近海域一侧芦苇或互花米草，营造开阔的光滩和水域生境。

4）保证陆地到海域的地形高度逐渐降低，但坡度相对平缓。

二、生态补水

湿地生态系统的保护和恢复在很大程度上依赖水资源的有效管理。生态水量的保障是确保湿地生态系统平衡和生物多样性的关键。通过精确计算湿地的生态需水量，并制定相应的生态流量标准，可以为湿地提供适宜的水位和水文条件，从而维持其自然生态过程。水利工程的合理运用对于湿地的生态补水至关重要。例如，通过建设引水渠和泵站等设施，可以将远处的河水引入湿地，尤其是在干旱季节，这种人工补水能够有效缓解湿地的水资源短缺问题，保持湿地的湿润状态和生态功能。此外，水库和闸坝等水利设施在调节河流流量、控制洪水以及在必要时为湿地提供水源补给方面发挥着重要作用。

河流与湿地之间的自然连通性对于湿地生态系统的健康同样重要。河流携带的营养物质和生物种群能够通过连通性进入湿地，促进湿地内部生态系统的多样性和活力。因此，恢复和保护河流与湿地的自然连通性，是维护湿地生态系统完整性的重要措施。

水质的保护与水量的保障同等重要。在进行生态补水的同时，必须确保补给水源的清洁，避免污染物通过水流进入湿地，影响湿地生态系统的健康。通过监测和控制补水水源的水质，可以为湿地提供一个清洁和安全的环境，从而支持湿地生态系统的稳定和繁荣。

生态补水流程通常从评估湿地水资源状况开始，确定补水需求和目标。接下来，选择合适的补水水源，设计补水路径和方法。在实施补水前，需要对补水量、补水时间和补水频率进行精确计算，以模拟自然水文条件。补水过程中，需要监测水文、水质和生态系统的响应，确保补水效果符合预期目标。

生态补水涉及多种技术，包括地表水和地下水的调控、水质净化、水体增氧等。例如，使用生态浮床与红树林来吸收和净化水中的营养物质；通过增氧泵和人工喷泉提高水体的溶解氧水平；利用土壤生物工程技术来巩固河岸，防止侵蚀。这些技术的应用有助于恢复和维持湿地的自然净化功能。生态补水后，需要对湿地的水文、水质、生物多样性和生态系统健康状况进行长期监测。通过收集数据，评估补水对湿地生态系统结构和功能的影响。监测结果用于指导补水策略的调整和优化，确保补水工程的长期有效性和湿地生态系统的可持续发展。

伦敦湿地公园是生态补水的典型案例。伦敦湿地公园原本是四个废弃的混凝土水库，后经过巧妙的生态修复，变成了欧洲最大的城市人工湿地系统之一。该公园通过引入泰晤士河的水源，配合精心设计的水体结构，精心设计了六个不同生态板块，包括蓄水潟湖、主湖、保护性潟湖、芦苇沼泽地等，成功地恢复了湿地生态系统。生态补水不仅提升了生物多样性，还为当地居民提供了休闲和教育的场所。

生态补水的流程步骤通常包括以下几个关键环节。

1）需求评估：评估特定生态系统的补水需求，包括确定生态需水量，维持湿地正常生态系统、物质循环的平衡和稳定所需要的水量。

2）水源选择：选择适合的水源进行补水，可能包括地表水、地下水或再生水等。

3）工程规划：规划补水工程，设计补水路径、方式和补水量，确保补水工程的科学性和合理性。

4）实施补水：按照规划方案，通过工程措施向受损的生态系统调水，补充其生态系统用水量。

5）监测与评估：在补水过程中，对水文、水质和生态系统的响应进行监测，确保补水效果符合预期目标。

6）预警机制：流域管理机构和地方水行政主管部门应建立调度预警机制，以应对可能出现的预警情况。

7）审批流程：确有生态补水需要的情况下，由县级以上地方人民政府提出申请，经审批后可以开展生态补水。

8）技术导则遵循：依据相关的技术导则，如《内陆湖泊生态补水技术导则》，进行生态水位和生态需水量的计算、生态补水方案的制订以及生态补水工程影响评估等。

在实施生态补水工程时，还需遵循一系列原则和标准，如确保补水水源水质优于被补水区域，逐步满足原有控制断面水质目标，以及考虑生态补水对水文水动力、物理化学要素和生物的影响等。此外，还需考虑生态补水工程对水质的改善效果，以及对水生生物群落结构和生物多样性的影响。

三、栖息地营造

根据恢复区域内涉禽和游禽觅食、栖息及繁殖的需求，分别对光滩和浅水、深水、盐生植被、繁殖等生境实施针对性营造，对应技术有光滩和浅水生境营造技术、深水生境营造技术、盐生植被生境营造技术、繁殖生境营造技术。

以深圳市福田红树林国际重要湿地6号塘为例进行分析，6号塘修复潜力适中，目标是为黑脸琵鹭、鹭类等大型涉禽提供栖息地。修复方案降低中央分隔堤岸形成裸堤，在视觉上营造开阔水面。局部调整塘底微地形，降低水闸箱底高程以调控水位。保留高大乔木形成树岛，改造成为裸岛浅滩，利用改造堤岸产生的土方在塘中偏南部营造小岛，将北部紧邻边界的水域作为主要缓冲空间，不用作鸟类栖息地。

四、栖息地管理

管理恢复后的湿地需要综合考虑生态保护和可持续利用。首先，应建立长期的监测机制，定期评估湿地的生态状况，包括水质、土壤、植被覆盖度和生物多样性等指标。其次，需要制订科学的管理计划，明确湿地的保护目标和利用方式，避免过度开发和人为干扰。

同时，应加强法律法规的执行，严格控制湿地内的建设活动，保护湿地的自然状态。此外，还应增强公众的湿地保护意识，鼓励社区和公众参与湿地的保护与管理工作。通过这些措施，可以确保恢复后的湿地生态系统健康稳定，发挥其生态功能，同时为人类提供持续的生态服务。

任务三　红树林修复

红树林植被的修复对于保护和增强沿海生态系统至关重要。这些独特的森林不仅为众多湿地生物提供了丰富的栖息地，促进了生物多样性的维持，而且具有重要的生态功能，如防风消浪、促淤护岸、固碳储碳以及净化水质。它们的存在有助于减少海岸侵蚀，保护陆地不受海浪侵袭，同时通过其根系过滤水中的污染物，改善水质，为人类和野生动物提供清洁的水源。

此外，红树林在应对全球气候变化方面扮演着关键角色。它们能够吸收和储存大量的碳，减少大气中的温室气体含量。通过修复这些宝贵的生态系统，我们不仅能够保护它们所提供的生态服务，还能够支持沿海社区的生计，促进生态旅游和教育活动，提高公众对环境保护的认识和参与度。

一、物种选择

物种选择应遵守国家与地方的湿地和红树林保护修复的相关规定，应基于科学评估和当地生态环境的需求。

首先，应优先考虑使用原生物种进行修复，这是因为原生物种已经适应了当地的环境条件，更有可能在修复区域中生存和繁衍。选择时应参考该地区的历史植被类型、土壤特性、潮汐模式和盐度水平等因素，确保所选物种与当地环境相匹配。

其次，物种选择应考虑红树林的生态功能和生物多样性。应选择能够提供栖息地、促进生物多样性、具有高固碳能力以及能够提供生态服务的物种。例如，选择具有复杂根系的物种可以更好地保护海岸线免受侵蚀，而选择能够提供食物和庇护所的物种则有助于恢复与维持鱼类及底栖动物的种群。

最后，应对候选物种进行生态适应性评估，包括它们对环境变化的抵抗力和恢复力。在气候变化和海平面上升的背景下，选择能够适应这些变化的物种尤为重要。此外，还应考虑物种的遗传多样性，以确保修复后的红树林具有长期的生存能力和适应性。在某些情况下，可能需要引入经过精心选择的外来物种，但这应在严格评估其生态风险和进行必要的引种风险评估之后进行。

根据潮滩高度，红树林树种可分为高潮滩、中潮滩、低潮滩树种。在高盐度海滩造林宜选择耐盐的红树植物，在强风浪海滩，宜选择速生高大的红树植物。

二、红树林营造

营造红树林是一个综合性的生态工程，需要对红树林的生境进行彻底修复。生境修复包括改善土壤质量、调整水文条件以及恢复地形地貌，确保它们适合红树林的生长。对于因养殖活动而退化的滩涂，需要先清理废弃的养殖设施，平整滩涂，恢复其自然地形地貌条件。因工程建设而改变的海岸线，应通过工程措施如抛石、修建丁坝等，减少海浪对滩涂的侵蚀，为红树林的自然恢复创造条件。

制订科学的种植方案是营造红树林的关键。种植方案应根据红树林的种类、生长习性以及当地的环境条件来设计。选择合适的红树物种，考虑它们的耐盐性、抗风性和生长速度。通常，优先选择本土物种，因为它们更适应当地环境，能够更好地恢复和维持红树林的生态功能。种植密度和方式也需要精心规划，以确保红树林的健康生长和自然演替。

红树林营造需要考虑长期的管理和维护。这包括定期监测红树林的生长状况、及时发现并处理病虫害问题，以及防止外来物种的入侵。同时，应限制人类活动对红树林的干扰，如禁止非法捕捞和采集，确保红树林能够在一个相对稳定的环境中生长。

1. 生境修复

在深圳湾红树林修复工程中，入湾河流综合治理是外源控制的关键，如何对河流生态环境进行治理，可见本书项目三。

若生境条件不能维持红树林生长，通过滩涂地形地貌的修复、岸线冲刷的防护和沉积物环境修复等，使修复区域的生境改善到满足红树林生长的要求。生境修复的内容涵盖了对退化或受损生态系统的多个方面的恢复，包括但不限于地形地貌的调整、土壤和沉积物环境的改善、水文条件的恢复，以及生物多样性的增强。具体来说，涉及滩涂高程的调整以适应红树林的生长需求、沉积物环境的改良以提高土壤质量和营养水平、潮汐通道的恢复以促进水体交换和沉积物的自然循环，以及植被的重新种植或自然更新以重建植被覆盖和生物群落结构。

生境修复的流程包括以下几个关键步骤：①生态本底调查，通过收集数据和分析来确定生境退化的程度与原因；②修复方案的制订，基于调查结果设计具体的修复措施和方法；③修复工程的实施，包括地形改造、土壤改良、水系重建和植被恢复等活动；④修复后的管理和监测，确保修复效果的持续性并及时调整管理策略；⑤效果评估和适应性管理，通过定期的生态监测和评估来衡量修复成效，并根据评估结果进行必要的调整，以实现生态系统的长期稳定和健康发展。

涉及生境修复的项目，均需根据《建设项目环境影响评价分类管理名录》的相关要求开展环境影响评价。生境修复应在红树林种植前完成，并且预留充足的时间使修复区域达到稳定。

2. 种植方案

红树林植被是红树林生态系统最主要的初级生产者，是维系生态系统结构和功能的基础。因此，红树林植被的恢复是红树林生态修复的关键目标。

种植方案应包括种植时间、种植物种、种植密度、种植方式、种后管理及养护等，具体方案应结合本土红树植物繁殖体类型、修复要求、水鸟需求等现实因素。

（1）种植时间

造林时间应以当地气候以及具体选种的物种为依据，按实际情况安排造林，以下为一般性建议。气温较高的春、夏季为适宜的造林季节，最适宜时间为 5—8 月。随着纬度降低，可适当延长造林季节。海南岛南部地区全年气温高于 15℃ 的情况下，均可造林。

（2）种植物种

全世界有红树植物 84 种（含 12 变种），共 16 科 24 属，其中真红树植物 70 种（含 12 变种），11 科 16 属，半红树植物 14 种，5 科 8 属。

中国红树林面积约 3 万 hm²，属东南亚范畴，组成植物种类较丰富，约 21 科 37 种，约占世界红树林组成植物种类的 1/3，主要分布在海南、广东、广西、福建、浙江以及香港、澳门和台湾地区，其中广东是红树林面积最大的省份。红树林植物具有特殊的适应机制，如特殊的根系结构、胎生机制、泌盐现象等，以抵御高盐、厌氧的潮汐环境。

根据《红树林生态修复手册》《海南红树林植物图谱》《困难立地红树林造林树种名录》以及相关文献补充中国红树林名录，见表 4-2、表 4-3。

表 4-2 半红树植物

序号	种名	学名	序号	种名	学名
1	莲叶桐	*Hernandia nymphiifolia*	7	玉蕊	*Barringtonia racemosa*
2	水黄皮	*Pongamia pinnata*	8	海杧果	*Cerbera manghas*
3	黄槿	*Hibiscus tiliaceus*	9	苦郎树	*Clerodendrum inerme*
4	杨叶肖槿	*Thespesia populnea*	10	钝叶臭黄荆	*Premna obtusifolia*
5	银叶树	*Heritiera littoralis*	11	海滨猫尾木	*Dolichandron spathacea*
6	水芫花	*Pemphis acidula*	12	阔苞菊	*Pluchea indica*

表 4-3 真红树植物

序号	种名	学名	序号	种名	学名
1	卤蕨	*Acrostichum aureum*	14	秋茄	*Kandelia obovata*
2	尖叶卤蕨	*Acrostichum speciosum*	15	正红树	*Rhizophora apiculata*
3	木果楝	*Xylocarpus granatum*	16	红海榄	*Rhizophora stylosa*
4	海漆	*Excoecaria agallocha*	17	拉氏红树	*Rhizophora lamarckii*
5	杯萼海桑	*Sonneratia alba*	18	红榄李	*lumnitzera littorea*
6	海桑	*Sonneratia caseolaris*	19	榄李	*lumnitzera racemosa*
7	海南海桑	*Sonneratia hainanensis*	20	桐花树	*Aegiceras corniculatum*
8	卵叶海桑	*Sonneratia ovata*	21	白骨壤	*Avicennia marina*
9	拟海桑	*Sonneratia gulngai*	22	小花老鼠簕	*Acanthus ebracteatus*
10	木榄	*Bruguiera gymnorhiza*	23	老鼠簕	*Acanthus ilicifolius*
11	海莲	*Bruguiera sexangula*	24	瓶花木	*Scyphiphora hydrophyllacea*
12	角果木	*Ceriops tagal*	25	水椰	*Nypa fruticans*
13	尖瓣海莲	*Bruguiera sexangula* var. *rhynchopetala*			

（3）种植密度

根据《困难立地红树林造林技术规程》，可依据树种生物生态学特性和造林地生境条件确定具体种植密度。较速生树种的种植规格适宜为 1.0 m×1.0 m～2.0 m×2.0 m，较慢生树种的种植规格适宜为 0.3 m×0.3 m～0.5 m×1.0 m。其中，在沙砾质海滩和强风浪海滩采用较大的种植密度。在强风浪海滩造林区域临海外缘 10～20 m 的范围内，需要特殊对待，密植速生树种以增强缓冲风浪的能力，种植规格约为 0.5 m×0.5 m。

（4）种植方式

困难立地主要包括沙砾质海滩、高盐度海滩、深水海滩、强风浪海滩四种。沙砾质海滩石砾、沙质含量较高，泥质的含量极少。非雨季海水盐度超过 25‰的海滩立地称为高盐度海滩。滩面高程低于红树林生长所需高程 1.5 m 以内的海滩立地即为深水海滩。强风浪海滩位于平直海岸线上受风浪直接影响，是开阔海滩立地。在以上四种困难立地中，深水海滩、沙砾质海滩需要进行整地，即进行基地营造。

针对不同的海滩，如深水海滩，可采取带状、块状或整体吹填的方式抬高岸面高度，满足种植红树林的水深条件。在砂质海滩上，可铺填泥质土层达到立地效果。对于石砾质海滩，可选择性清除石块，补充泥质土，形成条状或带状红树林种植区域。

（5）管理及养护

在造林后一定时期内进行封滩管护，避免任何人员和船只进入红树林造林地，以制止和减少对林地及林木的干扰与破坏。以速生树种为主体建立的林分，封滩保育期为 2～3 年，以慢生树种为主体建立的林分，封滩保育期为 3～5 年或更长。

除封滩管护外，红树林营造后还需根据实际情况，进行风浪防护、垃圾防护及处理、补植，定期对倒伏、暴露根部的幼苗进行养护、修补并注意病虫害防治。

任务四　外来物种与病虫害防控

一、外来物种管理

监测与识别：有效管理湿地外来物种的首要步骤是建立一个全面的监测体系，以识别和记录外来物种的存在与分布。这需要定期的湿地生态调查，利用科学的方法和工具，如物种分布模型和环境 DNA 技术，来检测和评估外来物种的种类、数量及其对湿地生态系统的潜在影响。

风险评估与优先级制定：在识别外来物种后，需要进行风险评估，以确定哪些物种对湿地生态系统构成了实质性威胁。评估应基于物种的生态适应性、繁殖能力、扩散速度和对原生物种及生态系统的影响。基于评估结果，制定管理的优先级，集中资源和努力对那些影响最大的外来物种进行控制。

1. 外来红树植物

我国目前已知的外来红树植物主要包括无瓣海桑和拉关木。这些植物因其快速生长和高生产力的特点，被广泛用于沿海地区的生态修复工程，尤其是红树林的恢复。无瓣海桑还因其木材和果实的多种用途，具有较高的经济价值，被用于制作乐器、纸张以及提取果胶等。外来红树植物的引入也带来了一系列生态风险。它们会对本土红树植物构成竞争压力，影响本土物种的生长和繁衍。无瓣海桑在澳门等地已经显示出扩散入侵的现象，对当地红树林生态系统构成威胁。

外来红树植物的引入是一个复杂的生态问题，需要在生态保护和利用之间找到平衡。

在红树林自然保护区内或国拨基金资助的红树林生态修复工程中，明文规定禁止使用无瓣海桑等外来红树植物。通过科学的评估和管理，我们可以最大限度地发挥这些植物的积极作用，同时避免或减少它们可能带来的负面影响。

2．入侵物种清理

控制与清除策略：对于确定需要管理的外来物种，应开发和实施具体的控制措施。这可能包括物理控制（如手工拔除、机械清除）、化学控制（使用特定的除草剂或杀虫剂）和生物控制（引入天敌）。每种方法都有其优势和局限性，需要根据具体情况和外来物种的特性来选择最合适的方法。同时，应考虑控制措施对湿地生态系统和周边环境的潜在影响。

本任务以互花米草清理为例：互花米草隶属禾本科米草属，为多年生高大草本植物。地下部分通常由短而细的须根和长而粗的地下茎（根状茎）组成。根系较为发达，密布于30 cm 深的土层中，有时可深达 100 cm。互花米草具有很强的耐盐、耐淹能力，适宜生长在海滩高潮带下部至中潮带上部广阔滩面，主要分布于高程 1.5～3.0 m 的沿海海滩。

根据《互花米草治理区域生态修复技术指南》，清理互花米草的工作流程为：本底调查→互花米草影响分析→生态修复目标确定→生态修复方案设计→生态修复方案实施→修复成效评估与适应性管理。

外来物种的本底调查和修复方案可以并入红树林本底调查与修复方案中。调查内容包括互花米草入侵前原生态系统状况、互花米草治理区域生态状况、区域管理状况与威胁因素。

目前在工程上成熟运用的技术主要有刈割+围淹、刈割+翻耕深埋和药剂治理。刈割+围淹适用于互花米草大规模连片分布且引排水方便的治理区域，通过在扬花期之前刈割，阻止互花米草成熟种子的形成，切断其有性繁殖途径。通过深度淹水，破坏互花米草地下根茎繁殖能力，阻断氧气传输，使地下根茎缺氧死亡，阻断其无性繁殖途径。刈割+翻耕深埋适用于大面积互花米草分布且底质较硬，受潮水冲刷影响较小的中高潮滩区域，通过刈割切断种源手段阻止互花米草种子成熟、扩散和萌发，切断有性繁殖途径；刈割后通过"冬季翻耕清根茎"手段破坏互花米草根茎结构并深埋根状茎，切断无性繁殖扩散途径。药剂治理适用于高、中、低潮滩，且潮水退却后露滩时间 6 小时以上的区域，对底质环境条件无要求。对靶向植株茎、叶喷洒除草剂，通过植物叶片吸收药剂传导至根部，抑制根、茎等分生组织的生长，导致新叶失绿和组织坏死，最终逐渐枯萎腐烂。作业时间为每年6—9 月，在植株萌发到高 40 cm 以上时进行施药治理。首次施药宜在扬花期之前进行。

二、病虫害防控

病虫害防控是一个综合性的管理过程，它涉及对湿地生态系统中有害生物的监测、识别和控制。通过科学的方法，如生物防治、物理控制和合理使用化学农药，结合生态系统的自然调节能力，来减少病虫害对湿地植被和动物群落的影响，同时确保防治措施的生态安全性和可持续性。这一过程需要持续地监测和评估，以便及时调整防治策略，应对病虫害的变化，维护湿地生态系统的健康和稳定。

红树林主要食叶害虫是取食红树林叶部的一类害虫，多为鳞翅目昆虫，主要危害桐花、白骨壤、秋茄等红树林植物。主要种类包括桐花树毛颚小卷蛾、广州小斑螟、柑橘长卷蛾等。病虫害防控前，可通过灯诱监测、线路踏查、标准地调查等流程，进行虫情监测。

在进行病虫害防控时，平衡生态安全性和防治效果的关键在于采取综合管理策略，优先考虑生态友好的方法，并确保防治措施的科学性和适度性。首先，应通过监测和识别确定病虫害的种类与严重程度，以便制订针对性的防治方案。其次，优先采用生物防治方法，如引入天敌或利用微生物制剂，这些方法对环境的影响较小，同时能够有效控制害虫。此外，物理防治如使用诱捕器或物理隔离也是减少化学农药使用的有效手段。在必要时，合理使用化学农药，选择低毒、易降解的产品，并严格控制用药量和频率，以减少对非靶标生物和环境的影响。同时，加强生态修复和生境管理，提高湿地生态系统的自然抵抗力和恢复力。最后，持续监测防控效果和生态反应，及时调整防治策略，确保在控制病虫害的同时，维护湿地生物多样性和生态平衡。通过这种科学、合理和综合的方法，可以在有效防控病虫害的同时，最大限度地保护湿地生态系统的生态安全。

任务五　湿地监测与评价

湿地的监测与评价是一个系统性的工作，涉及多个方面的指标和方法。监测工作需要依据一系列技术规范和标准，如《全国生态状况调查评估技术规范——湿地生态系统野外观测》（HJ 1169—2021）等，这些规范提供了湿地生态系统野外观测的总则、技术流程、样地选择与样方设置、观测指标体系和观测技术方法等具体要求。监测内容包括湿地类型、生物指标、水文指标和土壤指标等，通过野外观测、样品采集和实验室分析等手段获取数据。

评价湿地生态质量则需要综合考虑湿地的自然环境、生态格局、生态结构和生态功能等多个方面。《湿地生态质量评价技术规范》（HJ 1339—2023）提供了一套评价指标体系和计算方法，包括水环境质量、沉积物环境质量、生态流量、水位满足程度、湿地面积指数、自然岸线占比、滨岸带生态用地占比、重要生物指数、湿地植被覆盖度、物种多样性指数等。通过计算生态质量指数（WEQI），可以对湿地的生态状况进行综合评价，并根据指数的分级标准，将湿地生态质量划分为优、良、中、低、差五个等级，为湿地保护和管理提供科学依据。

一、生态修复监测

生态修复监测是确保生态修复工程达到预期目标并维持生态系统健康和稳定的重要环节。以下是进行生态修复监测的内容和方法的概述。

监测内容包括生物多样性、植被覆盖度、土壤质量、水文条件、微气候、生态系统服务等。生物多样性：评估修复区域的物种丰富度、优势种变化、生物群落结构等。植被覆盖度：监测植被恢复情况，包括植被覆盖面积和类型。土壤质量：评估土壤的物理、化学和生物学性质，如土壤有机质含量、pH、营养水平等。水文条件：监测水体的水位、流速、水质和水量等。微气候：记录修复区域的温度、湿度、风速等气候条件。生态系统服务：评估修复工程对生态系统服务功能的影响，如碳储存、洪水调控等。

监测方法多种多样，需要根据实际工程情况酌情选择，包括野外观测、遥感、采样分析、生态模型预测等。野外观测：定期进行现场调查，记录生物多样性和植被覆盖度等指标。遥感技术：利用卫星或航空遥感技术监测大范围的植被变化和土地利用情况。地理信息系统（GIS）：用于收集和分析空间数据，评估修复区域的分布和变化。土壤和水样分析：采集土壤和水样，通过实验室分析评估土壤质量和水质。生态模型：运用生态模型预测修复措施的长期效果和生态系统的发展趋势。

监测实施步骤依次为制订计划、数据收集、数据分析、报告编制。制订监测计划：根据修复目标和预期效果，制订详细的监测计划和指标。数据收集：通过上述方法收集相关数据，并确保数据的准确性和可比性。数据分析：利用统计学方法和模型分析数据，评估修复效果。报告编制：编写监测报告，总结修复效果，并提出改进建议。动态调整：根据监测结果调整修复策略，确保修复工程的持续性和有效性。监测频率和周期：监测的频率和周期应根据生态系统的恢复速度与修复目标来确定，可能是季节性的、年度的或长期的。

可以参考《全国湿地保护规划（2022—2030 年）》中提到的湿地保护修复项目和《湿地生态质量评价技术规范》（HJ 1339—2023）中的评价指标与方法，这些文件提供了生态修复监测的具体指导和技术规范。

二、生态修复效果评估

湿地退化是指湿地生态系统遭受破坏，导致其生态功能和生物多样性下降的现象。这种现象通常由人类活动（如过度开发、污染和土地利用变化）引起，也可能由气候变化等自然因素加剧。湿地退化不仅减少了生态系统提供的服务，如水源涵养、洪水调节和生物栖息地，还可能导致生物种群结构和多样性的减少。

为了有效抑制湿地退化并提高生物多样性，可以采取一系列生态恢复措施。例如，通过构建和改善水鸟栖息地，可以为水鸟提供安全的繁殖和觅食场所，从而保护和增加水鸟种群。红树林的种植和恢复有助于改善湿地生态环境，因为红树林是许多物种的栖息地，并且具有防风、固碳等生态功能。此外，清除入侵性植物（如互花米草）和控制病虫害也是保护湿地生态系统的重要组成部分，有助于维护湿地的健康和稳定。

深圳湾红树林恢复工程的恢复措施需要综合考虑湿地的自然条件和生态需求，科学规划和管理。同时，加强法律法规的制定和执行，增强公众对湿地保护的意识，是实现湿地生态系统长期可持续发展的关键。通过这些努力，可以逐步恢复湿地的生态功能，增加生物多样性，促进人与自然的和谐共生。

湿地恢复后，需要对湿地生态修复效果进行评估，通常涉及多个方面，包括生物多样性的恢复、水文条件的改善、土壤质量的提升，以及生态系统服务功能的增强等。评估过程可能包括现场调查、生物指标监测、水质检测、土壤分析，以及利用遥感技术等手段进行综合分析。此外，评估还应考虑修复前后的对比、长期监测数据，以及社区和利益相关者的反馈，以确保修复措施的有效性和可持续性。通过这些综合评估，可以科学地判断湿地生态修复的成效，并为进一步的保护和管理提供依据。

思考题

1. 描述湿地生态本底调查的一般步骤，并讨论在进行湿地生物多样性评估时可能遇到的挑战及其解决方案。

2. 红树林在湿地生态系统中扮演着哪些关键角色？请提出一套合理的红树林种植和恢复策略，并讨论其对当地生态系统可能产生的正面和负面影响。

3. 外来物种如何影响湿地的生物多样性和生态平衡？请举例说明一种外来物种对湿地生态系统的具体影响，并提出相应的防控措施。

4. 湿地病虫害对湿地植被构成哪些威胁？讨论如何有效实施病虫害的综合管理。

5. 解释湿地生态修复的基本原理，并探讨自然恢复与人工修复在湿地生态修复中的适用场景和优缺点。请结合一个具体的湿地修复案例，分析其修复策略和实施效果。

项目四　小贴士

项目五　湖泊污染修复工程

【**学习目标**】介绍湖泊生态修复技术，让学生了解湖泊生态系统的特点、受损原因和修复方法，认识湖泊生态修复对湖泊健康的重要意义。

【**学习任务**】认识湖泊生态环境治理的重要性；了解并熟悉湖泊治理方法和技术，结合相关案例具体分析；尝试自己设计一个湖泊治理的方案。

📁 任务导入

湖泊作为自然生态系统的重要组成部分，在维护生态平衡、调节气候、净化水质等方面具有不可替代的作用。然而，随着工业化和城市化的快速发展，湖泊面临着严重的污染问题，包括富营养化、生态系统失衡等。因此，实施湖泊污染修复工程显得尤为重要。湖泊生态环境保护技术主要分为物理技术、化学技术和生物技术，本项目在任务导入部分重点介绍了浮游生物在湖泊治理中发挥的作用。在五个任务中，任务一进行了湖泊生态环境调查的介绍，任务二、任务三、任务四结合实际案例分别讲述了在湖泊治理中所用到的三项技术，任务五介绍了湖泊生态环境综合治理，并给出实际案例。本项目旨在通过结合实际案例，对湖泊生态环境调查及湖泊生态环境修复技术及其应用进行具体介绍，以促进对湖泊生态环境的治理（图 5-1）。

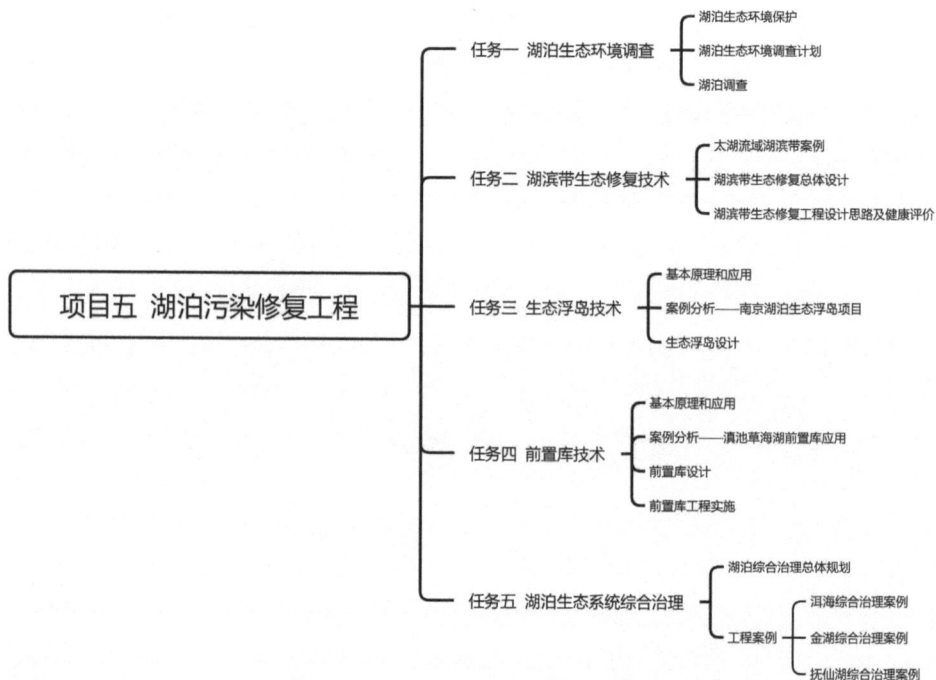

图 5-1　湖泊污染修复工程思维导图

一、湖泊生态环境保护重要性及主要技术

1. 湖泊生态环境保护重要性

湖泊生态环境保护对于生物多样性、保障水资源安全、促进区域经济社会可持续发展以及应对全球环境变化具有至关重要的作用。湖泊是地球水资源库，对于调节水文循环、提供饮用水、支持渔业和旅游业等具有不可替代的价值。湖泊生态系统的健康直接关系到人类福祉和自然环境的稳定。

湖泊生态环境保护的重要性体现在以下几个方面。

1）生物多样性保护：湖泊是许多水生生物的栖息地，提供了独特的生态环境，对于维护生物多样性和生态平衡至关重要。

2）水资源安全保障：湖泊作为重要的淡水资源，对于满足人类生活和农业灌溉需求具有基础性作用。保护湖泊生态环境有助于确保水资源的可持续利用。

3）经济社会发展支撑：湖泊周边地区往往依赖湖泊资源进行渔业、旅游等经济活动，湖泊的健康直接影响当地居民的生计和区域经济的发展。

4）环境调节功能：湖泊通过蒸发和降水过程参与区域乃至全球的水循环，对气候调节有重要影响。同时，湖泊能过滤污染物，改善水质。

5）应对全球环境变化：湖泊对全球环境变化响应敏感，是研究气候变化和环境变化的重要指标。保护湖泊生态环境有助于理解和适应全球环境变化的影响。

6）生态服务功能：湖泊提供了诸如休闲娱乐、教育研究、文化价值等多重生态服务，这些服务对于提高人类生活质量和社会福祉具有重要意义。

2. 湖泊生态环境保护主要技术

（1）物理修复技术

流体力学是研究流体运动规律的学科，它可以为湖泊环境保护提供强有力的支持。通过流体力学的基本方程和定律，可以模拟湖泊水体中污染物的扩散和迁移，帮助制定环境保护策略和水生态修复方案。此外，流体力学模拟可以揭示湖泊混合运动的机制，为湖泊环境保护提供科学依据。

清水型生态系统构建技术是一种综合性的环境治理和生态修复技术，它通过人为设计在目标水体中建立高等水生植物群落，形成清水型生产力架构，并搭建食物网链，实现物质流、能量流、信息流的转换传递。这种技术整合了水工、市政、土建、景观等专业的涉水技术，旨在提供环境治理、生态修复和生境管理的技术集成。

湖泊污染物拦截与生态修复技术通常包括构建前置库系统来阻止污染进入湖泊。这些系统采用新型复合式生态回廊技术、湖口区自然能源驱动提水技术，并结合生态浮床、水生植被修复、生物调控等技术，通过沉降吸附、微生物降解、动植物吸收等作用，有效去除入湖污染物并促进水域生态修复。

（2）化学修复技术

湖泊生态环境保护技术中的化学技术涉及一系列应用化学原理和方法来防治湖泊污染、改善水质和维护生态平衡的技术。这些技术通常包括化学沉淀、化学氧化还原、电化学处理、光化学法等，旨在通过化学反应将污染物转化为无害或易于移除的形式。

（3）生物修复技术

湖泊生态环境保护技术涉及生物技术的应用，旨在通过模拟和利用自然生态系统的自我净化能力来维持与恢复湖泊的健康状态。这些技术包括水生植物的种植、微生物的引入、人工湿地的构建以及生物膜技术等，它们能够有效地去除水体中的营养盐、有机物和重金属，促进水生生物多样性的恢复，并改善水质。生物技术在湖泊生态环境保护中的应用有助于实现水资源的可持续利用和生态系统的长期健康。

二、浮游生物在湖泊治理中的应用

1. 浮游生物对水生态的重要性

浮游生物是水域生态系统中至关重要的一环，它们在水生态系统中扮演着重要的角色。浮游生物是水生态系统中的重要营养来源，是食物链的基础，为其他水生生物提供了丰富的食物资源。浮游生物对维持水生态系统的生态平衡起着至关重要的作用。它们通过控制水中藻类和细菌的数量，调节水质中氧气、二氧化碳和营养物质的含量，从而影响整个水域的生态平衡。浮游生物还可以帮助水生态系统处理污染物，起到净化水体的作用。浮游生物在水生态系统中的重要性不可忽视，它们是维持水域生态平衡和保护水资源的重要元素。

2. 浮游生物的种类和作用

在湖泊治理中，浮游动物扮演着重要的角色，它们通过食物链参与水体中的物质循环和能量流动，有助于控制藻类生长和保证水质。

雨生红球藻：它虽然不是传统意义上的浮游动物，但雨生红球藻是一种在淡水湖泊中生长的微生物，它通过光合作用吸收二氧化碳，释放氧气，有助于提高水域氧含量，并能吸附和降解有机废物和污染物质。

原生动物：包括多种类型的单细胞生物，如变形虫和球形砂壳虫等，它们在浮游动物群落中占据优势地位，对有机物的分解和营养物质的循环起着重要作用。

轮虫：如针簇多肢轮虫和异尾轮虫等，轮虫是浮游动物中的重要组成部分，它们通过滤食细菌、藻类和有机碎片来获取食物，对水体中的营养物质循环有显著影响。

枝角类：包括多种小型甲壳动物，如大型溞，它们以藻类和有机颗粒为食，有助于控制藻类生物量，减少水体富营养化的风险。

桡足类：这是一类较小的甲壳动物，它们虽然在湖泊生态系统中数量较少，但也参与食物链，对生态平衡有贡献。

这些浮游动物的具体使用和效果可能会根据湖泊的具体环境与治理目标有所不同。在实施湖泊治理时，可能会通过人工投放或生态修复技术来增加这些有益浮游动物的数量，以促进水体生态系统的健康和稳定。

3. 浮游生物对湖泊水质的影响

浮游生物作为水生生态系统中的基础生物，对整个水域的生态平衡起着重要的作用。它们构成了复杂的食物网，影响着水域中其他生物的生存和繁衍。浮游生物之间的相互关系和数量的变化都会对水域生态系统产生深远影响。

浮游生物可以通过吸收废物和吞食有害细菌等方式，起到净化水质的作用。它们可以吸收水中的营养盐和有机质，减少水体中的富营养化现象，维持水体的清洁和透明度。浮游生物还可以吞食水中的有害细菌和藻类，降低水中藻类过度生长所带来问题的风险，保持水质的健康。

浮游生物在水生态系统中起着至关重要的作用，它们不仅参与食物链的传递，还能对水体的氧气产生与消耗发挥重要作用。

浮游生物在水生态系统中扮演着非常重要的角色，它们是食物链中的重要一环。浮游生物通过光合作用吸收阳光能量，将能量转化为有机物质，为其他生物提供营养物质。在海洋中，浮游生物是浮游植物和浮游动物的总称，浮游植物主要是微小浮游植物，如硅藻、甲藻等，而浮游动物则包括浮游动物和浮游动物幼虫，如浮游水螅、浮游虾等。

三、实际案例

1．鄱阳湖水质改善工程

鄱阳湖是长江流域的一个重要湖泊，鄱阳湖的水质直接关系长江的水质。数据显示，2020 年鄱阳湖入长江的出口断面总磷浓度为 0.048 mg/L，较 2018 年下降 0.011 mg/L，降幅高达 18.6%。鄱阳湖水质的改善，为长江水生态环境保护作出了积极贡献。

近年来，鄱阳湖五河（赣江、抚河、信江、饶河、修水）及湖区水、土、沙等资源开发与保护不协调和不平衡，导致水量减少、水土流失、河湖岸线萎缩、水生生境劣化等突出问题，严重威胁鄱阳湖水系及长江生态安全。面对交织重叠的河湖水资源、水环境与水生态问题，治理思路由传统的工程水利和资源水利向秉承生态优先理念的生态水利转变，已成为水利行业发展的必然趋势。

治理措施主要有：

（1）科学调度江湖关系

根据长江干流水位变化和鄱阳湖水位特性，优化枯水期调度，确保湖泊与长江的连通性，减少枯水期生态压力。设计和实施蓄洪退水机制，平衡洪水防控与生态用水需求。

（2）加强流域综合管理

制订五河流域与鄱阳湖统一的水资源管理方案，确保上下游水资源高效利用。推动跨区域协作机制，合理分配上游来水和下游需求，缓解因上游水资源开发导致的水量减少问题。

（3）引入生态补水工程

在枯水季节引入适量生态补水，保持湖泊生态水位。

探索湖泊水位与湿地生境恢复的耦合关系，保障鸟类栖息地的长期稳定。

（4）推进入湖污染源治理

点源控制：建设高标准污水处理设施，对工业生产废水、生活污水进行深度处理。非点源污染防治：实施农业面源污染控制项目，推广生态农业技术（如缓释肥料、生态种植等），减少化肥、农药使用。

（5）开展清淤工程

针对部分污染严重的湖区开展清淤工程，降低底泥中污染物释放风险。同时注重生态修复，避免清淤工程对水生生境的二次破坏。

（6）湿地保护与恢复

修复退化湿地：对湖区周边退化湿地进行植被恢复和生态修复，增加湿地面积，提高湿地的水质净化和生物多样性功能。湿地连通性：改善湖区湿地的水文连通性，确保湿地生态系统的健康运转。

（7）河湖岸线生态修复

对因开发活动导致的岸线萎缩区域开展修复工程，恢复自然岸线，种植耐水湿植物，提升岸线稳定性。结合防洪堤建设，增加生态缓冲带，实现防洪与生态保护的平衡。

（8）推广生态水利工程

结合现代生态工程理念，建设生态堤坝、生态调蓄池等水利工程，兼顾水利功能与生态功能。探索"海绵湖泊"建设模式，利用天然湿地和人工生态湿地提升水体自净能力。

（9）发展生态农业与循环经济

推广生态种养模式，如稻鱼综合种养、水禽放牧等，实现农业生产与水生态保护双赢。鼓励废弃物资源化利用，减少农业生产对湖区的环境压力。

2. 日本琵琶湖水质改善工程案例

琵琶湖是日本最大的淡水湖，位于本州岛滋贺县境内。20 世纪 50 年代以来，随着周边工业发展和人口增长，水质受到严重污染，出现了富营养化等环境问题。为了改善水质和生态环境，日本政府实施了一系列综合治理措施。

为改善其水质状况，滋贺县政府提出了流域生物生息空间网络化构筑的长期构想，划定了重要生物生息空间及河流作为生态回廊，进行了一系列的流域修复工作，包括森林建设、内湖重建、河流治理和湖滨带芦苇群落的保护等，制定了芦苇群落保护条例与规划，划定了保护与恢复区域，面积达 138 hm²，其中芦苇带栽植面积达 15 hm²，进行收割等维护管理区域面积达 30 hm²。

在污水处理方面，分别对生活污水、工业废水、农业排水采取治理措施。通过修建城市下水道、农村生活排水处理设施、联合处理净化槽来处理生活污水，并且结合废弃物资源化的思想进行综合治理。到 2002 年年末，采用以上方式处理的污水，处理率达到 89.6%。此外，日本政府还采取多种措施对入湖河流进行直接净化，如疏浚河底污泥、在河流入口种植芦苇等水生植物、修建河水蓄积设施等。

在湖水治理方面，日本政府通过污染源对策、流动过程对策和湖内对策对琵琶湖水质进行治理，以达到 1965 年前期的湖水水质状况。在生态恢复方面，着重于保护湖心水域的生物生存环境、恢复湖边水域生态系统、建设湖边平原（丘陵）地区生态系统、建设山地森林生态系统，同时加强湖泊景观建设，以最终恢复整个流域的生态系统。

这些生态修复工程的实施有效地提高了生物多样性，恢复了生态系统功能。琵琶湖的水质从 V 类提高到 III 类，源头区森林生态系统质量和水源涵养能力显著提升，自然岸线和鸟类、鱼类自然栖息地得到更好保护。目前，琵琶湖的环境治理仍在继续，旨在进一步提升水质和生态环境质量，确保湖泊的可持续发展。日本政府和相关研究机构持续监测水质变化，并根据最新的环境数据调整治理策略。

任务一 湖泊生态环境调查

一、湖泊生态环境保护

1. 我国湖泊生态环境保护背景

湖泊生态环境保护的背景紧密关联生态文明建设的大局，以及对全球环境变化、区域气候和流域人类活动的响应。湖泊不仅是重要的国土资源和陆表系统关键地理单元，而且在水资源安全保障、防洪抗旱、水质净化、生物多样性保护和经济社会发展中发挥着不可替代的作用。随着工业化、城市化和现代化农业的进程，湖泊生态环境面临严峻的挑战，如富营养化、蓝藻水华、水质恶化、生物多样性丧失等问题。

我国政府高度重视湖泊生态环境保护，以习近平同志为核心的党中央将生态文明建设摆在全局工作的突出位置，推进山水林田湖草沙一体化保护修复。习近平总书记对湖泊生态环境问题给予了高度关注，提出了一系列重要指示。在这一背景下，我国湖泊生态环境保护工作取得了显著成效，湖泊富营养化趋势得到明显遏制，水质得到改善，湖泊生态系统健康状况逐步恢复。

尽管如此，湖泊生态环境保护仍面临诸多挑战，如湖泊生态环境治理与流域综合管控的统筹、科技支撑能力的提升、湖泊生态环境保护的管理体制完善等。因此，加强湖泊生态环境保护、治理和修复已成为关乎生态文明建设的大事，需要采取综合性措施和长期努力。

2. 我国湖泊生态环境保护现状

我国湖泊普遍遭到污染，尤其是富营养化和重金属污染问题十分突出。

（1）湖泊富营养化的问题

湖泊是重要的陆地景观单元，过量氮、磷营养物质输入所导致的湖泊富营养化是全球水环境领域面临的长期挑战。目前，全球范围内仍有超过 60% 的湖泊处于不同程度的富营养化状态，而贫营养的湖泊则主要集中在中国青藏高原、北美高纬度区、南美南部高原等高海拔地区，湖泊会受到自然和人为活动的直接影响与间接影响，其中，直接影响主要包括居民生活、工业生产、农业种植活动排放的营养物质以及水利调控等，而间接影响则多指气候变化下降水量与极端降雨增加所导致的冲击效应，使得水华暴发的时空异质性逐步增大。经过多年的治理，逐步形成了负荷削减→污染防治→水质保护→生态系统管理的湖泊管理模式，我国重点治理湖泊的水质得到明显提升，但水华暴发的强度与频次依然没有得到根本改善，湖泊富营养化防控将面临更大挑战。

（2）湖泊重金属污染的问题

随着采矿和工业活动的增加，重金属的生产和使用也有了很大的增加，导致湖泊与河流产生严重的重金属污染。因处理成本高、投资大，工业废水不加处理直接排放，或未达标排放，会严重污染水资源。水利部门对常年监测的 56 个湖泊进行数据统计，湖泊年末蓄水总量为 1 416.3 亿 m^3，比年初蓄水总量增加 42.4 亿 m^3。其中，青海湖和太湖蓄水量分别增加 27.1 亿 m^3 和 8.8 亿 m^3；洪泽湖蓄水量减少 5.8 亿 m^3。

（3）点源污染与非点源污染对湖泊水质和生态的双重破坏问题

地表径流将大量的污染物带入水体，这是农业污染水体的主要来源。牧场、养殖场、农副产品加工厂的有机废物排入水体，都可使水体的水质恶化，造成河流、水库、湖泊等水体污染。畜禽粪便携带大量的大肠杆菌、寄生虫卵等病原微生物和氮、磷等进入江河湖泊或地下水，不仅污染养殖场周围的环境，而且导致水体和大气的污染，更是我国江河湖海富营养化的重要污染源。如果养殖场周边的居民以地下水为生活用水水源，将直接危害人体健康。粪便中的添加剂残留物（如铜、铁、锌、砷等微量元素）进入环境，通过食物链的生物富集作用，最后也会对人体产生危害。随着农村社会经济的快速发展，农村生活所产生的废水和垃圾量日益增多。一般而言，农村人口比重大，但生活污水及生活垃圾处置措施相对不完善，由于农村和村镇有沿河沿岸堆放垃圾的习惯，这些垃圾在暴雨时会被直接冲入河道，日益成为农业流域污染的重要影响因素。

（4）积淤围垦严重

洞庭湖北有松滋、虎渡、藕池、调弦（1958 年封堵）四口吞纳长江洪水，南和西有湘江、资水、沅江、澧水注入。湖水经城陵矶排入长江，由于"四水""四口"携带大量泥沙，入湖后每年约有 1.28 亿 t 泥沙淤积湖底，平均每年在洞庭湖沉积的泥沙为 1.23 亿 t。历史原因造成洞庭湖区重点围垦 19 处，面积达 16.23 km^2，使湖泊水面由新中国成立初期的 4 350 km^2 缩小到目前的 2 670 km^2 左右。尽管现在情况好转，但是局部地方的围垦还是不容忽视。泥沙淤积和围湖开垦导致湖面萎缩、湖泊调蓄行洪能力大幅下降，以及洲滩快速发育。湖区洲滩面积平均每年增加近 3 000 hm^2，孕育或诱发洪涝灾害、水质污染、土地沙化、血吸虫病、东方田鼠暴发等系列灾害，导致湖泊生态系统退化，生物多样性减少，生态服务功能降低。

二、湖泊生态环境调查计划

1. 明确调查目的和重要性

调查目的通常聚焦于了解湖泊的生态健康状况，监测水质、生物多样性和生态系统的动态变化，以及评估人类活动对湖泊环境的影响。明确这些目的有助于设计调查方案，选择合适的调查方法和技术，确保数据的准确性和可靠性。

调查的重要性体现在多个层面。首先，湖泊是重要的淡水资源，提供饮用水、灌溉和工业用水，因此，了解其水质状况对于保障人类健康和经济发展至关重要。其次，湖泊生态系统支持丰富的生物多样性，包括多种珍稀和濒危物种，生态调查有助于保护这些生物资源，维护生态平衡。此外，湖泊还是自然美景的一部分，对旅游业和休闲活动具有重要意义，生态调查有助于合理规划和管理湖泊资源，促进可持续发展。

2. 调查范围及对象

（1）湖泊的观测

开展观测前，应根据观测目标明确观测对象，制订观测计划，组建观测队伍、开展人员培训，准备观测工具、材料。

选择观测对象：根据具体观测目标，确定观测对象。一般应从具有不同生态习性和生活史特征的类群中选择生物观测对象，应重点考虑受威胁物种、保护物种和特有种、具有重要社会或经济价值的物种、对维持生态系统结构和过程具有重要作用的物种、对环境变化反应敏感的物种。

制订观测计划：在制订观测计划时，应收集观测区域自然和社会经济状况的资料，了解观测对象的生态学及种群特征，必要时可开展一次预调查。观测计划应包括观测内容、要素和指标，观测时间和频次，样本量和取样方法，观测方法，数据分析和报告，质量控制和安全管理等。

准备观测工具和材料：准备典型生态系统中生物多样性观测所需的仪器、工具，检查并调试相关仪器设备，确保设备完好，对长期放置的仪器进行精度校正。根据调查样点数量准备足量现场记录表格、标本采集、保存用具等辅助材料。

（2）观测样地设置

采样点位布设力求以最少的点位数获取最具代表性的观测数据，全面、真实、客观地反映湖泊生态系统的生物多样性状况。采样点位的布设应充分考虑湖泊面积、湖盆形态、湖泊水体的水文状况、干扰的发生位置及规模、水生生物的分布特征及运动轨迹。

3．设计调查方法和工具

（1）生物指标采样方法

样方法是一种常用的观测方法，对于不同生物类群，样方的大小、数量及采样要求均有所不同。

浮游植物：参照《内陆水域浮游植物监测技术规程》（SL 733）进行。浮游植物在不可涉水河段中生物多样性较高，因此采集区域主要集中在中下游河段。用 64 μm（25 号）浮游生物网采集浮游植物定性样品。用一定容量（2.5 L 或 5 L）的采水器定量采集水样，沉淀、浓缩后得到浮游植物定量样品。将水样倒入分液漏斗，加入鲁哥氏液，静置 48 h 后，用虹吸管吸去上层清液，最后留下约 20 mL，转入标本瓶，作为浮游植物定量样品。浮游植物采集样点设置与着生藻类类似，每个样点内设置 10 个纵向重复样，尽量涵盖断面不同位置。如果水深小于 3 m，且混合良好的河段，可只采集表层水样；对于水深超过 3 m 的河段，应采集表层（0.5 m）和底层（离底 0.5 m）两处混合样。

浮游动物：参照《淡水浮游生物调查技术规范》（SC/T 9402）进行。浮游动物采样方法与浮游植物类似，但采样后应立即用鲁哥氏液固定，以杀死水样中的浮游动物。定量采集步骤也包括采水器采集水样、沉淀浓缩等步骤。

鱼类：参照《生物多样性观测技术导则　内陆水域鱼类》（HJ 710.7）进行。通过以下三种方法调查渔获物，获得鱼类种类组成和分布的资料：统计所调查水体的小区内各类渔船所捕捞的渔获物中的所有种类；观测人员自主采集；访问渔民、水产品收购和批发市场、当地渔业管理部门的工作人员。

底栖大型无脊椎动物：参照《生物多样性观测技术导则　淡水底栖大型无脊椎动物》（HJ 710.8）进行。在可涉水河段（或水深小于 1 m 河段），可用踢网、索伯网、D 形拖网或手抄网等进行采集。在浅水区可用定量框法进行采集，将定量框（50 cm×50 cm 或 25 cm×25 cm）置于河床上，取出框内的底质和底栖生物，同时在定量框后方置一手网，以防挖取框中底质时底栖动物漂走。在深水河流（或水深超过 1 m 的河段），采用彼得生采泥器或带网夹泥器进行采集。一般情况下，每个采样点累计采样面积 $0.5 \sim 1$ m^2；也可根据底栖动物密度情况适当调整采样面积。

样线法是指观测者在观测样地内选定的一条观测路线，观测者记录沿该路线一定空间范围内出现的物种。

水生维管植物：参照《生物多样性观测技术导则 水生维管植物》进行。对于挺水植物，根据不同水体状况、干扰程度等设置样线。优势种相同或相近的挺水植被类型，可以沿着水体边缘设置 3～5 条样线；样线长度视水体面积、生境异质化程度而定，一般为 800～1 000 m。样线的布置、条数和长度应根据水体实际大小进行适当调整。对于群落（或生境）类型较为复杂的水体，可适当增加样线的数量，一般为 5～7 条，同时缩短样线的长度。样线之间的间隔一般不小于 250 m，可根据实际情况做一定调整。在每条样线上，每隔 50 m 设置 1 个样方。样方的面积为 2 m×2 m。从样方的中心将样方划分为 4 个 1 m×1 m 的小样方，对每个小样方采用样点截取法中的点频度框架开展调查。频度框架的宽度为 100 cm，采用 1 个金属针。

鸟类：观测者沿着固定的线路活动，并记录样线两侧所见到的鸟类。根据生境类型和地形设置样线。各样线互不重叠，每种生境类型应有 2 条以上观测样线，每条样线长度为 1～3 km。调查时行进速度通常为 1.5～3 km/h。根据对样线两侧观察记录范围的限定，样线法又分为不限宽度、固定宽度和可变宽度 3 种方法。

两栖动物：样线长度为 500～1 000 m。每种生境类型的样线应在 2 条以上。样线的宽度根据视野情况而定，一般为 2～6 m。在水边观测两栖动物可以在水陆交汇处行走。观测时行进速度应保持在 2 km/h 左右，行进期间记录物种和个体数量，不宜拍照和采集。根据两栖动物的活动节律，一般在晚上开展观测。

（2）生境指标采集方法

物理生境指标：通过实地调查，结合相关文献资料、遥感数据解译等手段，湖泊面积、围圩面积、围网面积、自然岸线保有率、自由水面率等指标。

气象指标：气象特征有助于解释大尺度的生物多样性分布格局，因此，在区域或国家尺度的生物多样性调查中，有必要考虑气候指标。气候指标参照《地面气象观测规范》相关系列标准方法测量，应尽量使用调查区域内建成的气象监测系统数据。

水环境指标按现行国家和行业标准的相关规定执行。

沉积物指标以泥质河床为主的湖泊，沉积物是湖泊水生底栖生物的主要栖息场所，沉积物特征对这些生物的多样性有显著影响。因此，在开展泥质基质湖泊生物多样性调查时，沉积物应作为栖息地生境的一部分特征加以观测。沉积物的指标按照相关标准测定。

干扰指标采集方法：干扰指标主要通过现场观测、走访调查、历史资料收集、遥感影像解译等手段获取。干扰指标测定方法既可以定性记录特定干扰类型出现的有无情况，也可以在定性基础上，对重要干扰类型面积、强度等进行定量化测量。

三、湖泊调查

1. 湖泊水质调查

水质调查共涉及采样点数量、采样点布设方法、采样频率和分析测试指标四个方面。采样频率除特殊情况下（如冰封）应每个月一次。分析测试指标参考《地表水环境质量标准》（GB 3838—2002）和营养状态评估指标。本调查计划着重关注 DO、TN、TP、高锰酸盐指数、氨氮、透明度（SD）、SS、叶绿素等富营养化指标以及 Pb、Hg 等重金属指标，同时各湖泊可根据流域特点增补相应指标，如矿化度、浊度等。湖泊水质调查表详见表 5-1。

表 5-1　湖泊水质调查表

编号	坐标（°）		参数	数据				备注
	东经	北纬		1 月	2 月	3 月	…	
			DO（mg/L）					
			TN（mg/L）					
			TP（mg/L）					
			…					

2. 湖泊沉积物调查

沉积物和间隙水调查点位可根据水质调查点位进行设定。水质较好湖泊应考虑沉积物背景值的调查，沉积物的分析测试指标包括粒径、含水率、容重、pH、TN、TP、有机质（OM）、Cd、Cr、Cu、Zn、Pb、Hg、As 和 Ni 等；间隙水调查指标主要涉及与内源释放相关的氨氮、无机磷、Cd、Cr、Cu、Zn、Pb、Hg、As 和 Ni 等。同时应考虑根据湖泊流域典型污染特征和地质背景特点来补充相应的调查指标。采样频率除特殊情况下（如冰封）应每季度一次。调查表见表 5-2。

表 5-2　湖泊沉积物理化指标调查表

编号	坐标（°）		调查指标		数据	
	东经	北纬			汛期	非汛期
			物理指标	粒径		
				含水率		
				容重		
				…		
			化学指标	pH		
				TN（mg/kg）		
				TP（mg/kg）		
				OM（g/kg）		

3. 生物多样性调查

水生态调查重点关注浮游植物、浮游动物（可参考任务导入）、底栖生物、大型水生维管植物，有条件者还可调查鱼类。主要测定指标为生物量、优势种、多样性指数、完整性指数。采样频率除特殊情况下（如冰封）应每季度一次。

任务二　湖滨带生态修复技术

一、太湖流域湖滨带案例

1. 项目背景

太湖流域湖滨带项目主要围绕太湖的生态保护和水环境改善展开。太湖作为我国东部的重要淡水湖，长期以来面临水质恶化、生态退化等问题，其中水体富营养化是较为突出的环境问题。为了应对这些挑战，我国中央政府和地方政府采取了一系列生态修复与环境保护措施。

湖滨带作为湖泊生态系统的重要组成部分，对于维护湖泊的健康状态具有关键作用。它们通常具有净化水质、提供生物栖息地、调节气候等多重生态服务功能。

2．技术措施

在太湖重污染区开展湖滨带多自然型生态修复示范工程，位于竺山湾湖滨带。该工程集成了防波消浪、堆积藻类控制、多自然基底构建、植物恢复4项单项技术。

该示范工程建设能缓解防洪大堤对湖滨带的影响，改变湖滨带退化现状，可达到如下效果：工程示范区景观明显改善，湖滨带植被恢复区植物覆盖率达30%以上，生态系统能逐步自维持，恢复健康湖滨带生态系统。工程实践证明防波消浪、堆积藻类控制、多自然基底构建、植物修复技术体系可成功地应用于风浪大、基底恶劣、藻类堆积等环境条件的湖滨带生态修复工程，可在太湖及我国其他类似湖泊湖滨带区域推广应用。

二、湖滨带生态修复总体设计

1．设计原理

生态系统恢复：通过人工手段模拟自然生态过程，恢复湖滨带的原有生态系统，包括植被恢复、湿地建设、生物多样性保护等。

水质净化：利用植物吸收和微生物分解等自然净化机制，减少湖中的营养盐和污染物负荷，提高水质。

生态缓冲带建设：建立生态缓冲带可以有效减缓水流速度，过滤污染物，减少泥沙侵蚀，同时为野生动植物提供栖息地。

景观设计：结合生态修复，进行景观规划设计，创造既有生态价值又具观赏价值的环境，提升公众的生态意识和参与度。

生态监测与管理：建立生态监测系统，定期评估修复效果，及时调整管理措施，确保生态系统的持续健康发展。

2．生态修复技术

（1）污染控制与缓冲带构建技术

污染控制与缓冲带构建技术是指在水体边缘地带建立特定的生态系统，以减少外来污染物进入水体，改善和恢复水体生态环境的一系列工程技术与管理措施。这些技术通常包括湖滨带与缓冲带的生态修复、低污染水处理与净化集成技术，以及相关的生态空间格局优化等。

在我国，这些技术已经在多个湖泊和河流的生态修复项目中得到了应用，并取得了积极的环境效益。例如，洱海低污染水处理与缓冲带构建关键技术及工程示范项目通过第三方评估，被认为建设真实、规范，运行情况良好。该项目不仅削减了总氮、总磷和化学需氧量，还提高了植被盖度和生物多样性。

（2）多自然型湖滨带生境改善技术

多自然型湖滨带生境改善技术是指基于"近自然生态修复"理念，针对湖滨区藻华堆积、底质污染及销蚀严重等恶劣生境问题，采用多种生态工程技术手段，修复和改善湖滨带生态环境的技术体系。技术的应用有助于减少外来污染、恢复水生植物群落、增加生物多样性，并提高湖泊生态系统的自我维持能力。

（3）湖滨带植被修复与重建技术

湖滨带植被修复与重建技术是指通过科学的生态工程技术手段，对湖滨带受损的植被生态系统进行修复和重建，以恢复其生态功能和生物多样性，增强湖滨带的生态稳定性和环境自净能力。这些技术通常包括问题诊断、驱动因子分析、生态修复技术的分类集成研究，以及植被修复与重建的具体方法。技术的目标是解决湖滨带生态系统退化、生态功能丧失等问题，恢复湖滨带的生态健康，提高生物多样性，以及增强湖泊的生态服务功能。

（4）湖滨带维护管理技术

湖滨带维护管理技术是一系列用于保护和恢复湖泊边缘生态系统的方法与措施。这些技术通常涉及生态修复、污染控制、生物多样性维护、生境改善和人类活动管理等方面。湖滨带维护管理的目标是确保湖泊生态系统的健康和可持续性，同时提供生态服务和支持生物多样性。技术的应用可以帮助减轻外部压力，促进自然恢复过程，并维持湖泊生态平衡。

三、湖滨带生态修复工程设计思路及健康评价

1. 巢湖湖滨带生态修复工程设计

巢湖湖滨带生态修复工程设计案例展示了如何针对不同类型的湖滨带提出生态修复技术方案。该方案基于对巢湖湖滨带生态现状、物理基质、水文及生物条件的分析，提出了基质-水文-生物一体化自组织生态修复技术。通过一年的施工，易崩岸的湖滨带初见成效，数年后，修复后的挺水植被群落形成，并具备了一定的抵御风浪的能力，形成了抗干扰能力较强的岸线植被护岸体系。

2. 环洱海湖滨缓冲带生态修复示范段设计

环洱海湖滨缓冲带生态修复示范段设计案例提供了基于自然的解决方案（NBS）的应用实例。设计团队通过生态重建、辅助再生、自然恢复、保护保育等措施，将被农田、房屋侵占的湖滨岸线修复为自然湖滨岸带，为整个环洱海湖滨带的生态修复提供了技术样板。项目的实施不仅改善了洱海湖滨带的生态环境，还提升了洱海的水质，恢复了自然栖息地，成为大理可持续发展的生态宝藏。

3. 太湖湖滨带生态系统健康评价

太湖湖滨带生态系统健康评价案例涉及一种综合健康指数法的建立，该方法由目标层、准则层和指标层构成。准则层包括水质状况、底质状况、植被状况、其他生物状况（浮游动物、浮游植物、底栖动物）和岸带物理状况五项，而指标层则由总氮、总磷、溶解氧、挺水植物覆盖率等 15 项指标构成。通过专家打分法和熵值法确定了准则层与指标层的权重系数，并对太湖湖滨带的 33 个点位进行采样分析。评价结果显示，不同点位的生态健康状态从"很健康"到"严重疾病"不等，超过一半的点位处于"疾病"状态。这项评价提供了一个可靠性和可行性较强的评估模型，为其他湖泊湖滨带的生态系统健康评价提供了参考。

任务三　生态浮岛技术

一、基本原理和应用

1. 基本原理

生态浮岛技术基于生态工学原理的水环境治理技术，主要用于富营养化水体的净化。该技术通过在水体表面布置人工浮岛，利用植物的根系吸收或吸附水体中的氮、磷及有机污染物质，从而达到净化水质的目的。生态浮岛上的植物还能通过光合作用释放氧气，增加水体中的溶解氧，促进好氧微生物的生长，进一步降解污染物。此外，植物根系形成的生物膜能有效吸附悬浮物，减少水体中的营养物质，抑制藻类生长，提高水体透明度。

2. 技术应用

生态浮岛技术是一种生态工程技术，主要应用于水体污染治理和生态修复。它利用无土栽培技术原理，将水生植物栽植在浮板上，通过植物根系的吸附和微生物的作用，对水体中的污染物进行降解、吸收和转化，从而达到净化水质的目的。生态浮岛不仅能改善水质，还能提供生物栖息地，增强生物多样性，同时具有美化环境的附加效益。

（1）河道治理

该技术通过在水面上建立浮动的植被平台（浮岛），植物的根系可以吸收水体中的营养物质，如氮、磷等，减少水体中的富营养化，同时为微生物提供附着生长的载体，增强水体的自净能力。

在实际应用中，生态浮岛技术可以有效治理河道污染源，维护河道水质的持久稳定。例如，遂宁市涪江流域的水环境综合治理项目中就包含了生态浮岛安装工程，该项目旨在通过多种工程措施和生物技术手段，提升河水水质，达到《地表水环境质量标准》中的III类水质标准。此外，遂宁市开发区朝阳街道韩李河治理区采用了生态浮岛建设技术，通过无土栽培技术布设浮岛，实现了河道水质的持续净化和水生态系统的修复。

（2）湖泊和水库治理

近期的应用案例显示，生态浮岛技术在实际治理中取得了积极效果。例如，广东省佛山市南海区在孝德湖、新村坑水库、仙溪水库等地实施了生态浮岛建设，这些浮岛不仅提升了水质，还成为当地的景观亮点。通过生态浮岛技术，南海区实现了水体净化和生态修复，为当地的水环境治理提供了有益经验。

此外，吉安县在水库水质整治中也采用了生态浮岛模式，通过种植水生植物和采用多层次水生植物体系，以及投放滤食性鱼类等措施，进行水质治理和生态修复。这种综合治理方法旨在实现水质的长期稳定提升和水体自净能力的恢复

（3）新型生态浮岛技术

新型生态浮岛技术在传统生态浮岛的基础上进行了改进，增加了生物膜和曝气设施，提高了水体微生物和溶解氧含量，从而增强了水体净化能力。这种新型生态浮岛的结构包括生态浮床、微孔生物膜阵、生物膜架及曝气管道，能够更有效地进行原位生态净化。

新型生态浮岛技术通常用于水体生态修复，尤其是在富营养化水体中，通过植物吸收

营养物质、微生物代谢转化和填料吸附作用，实现水质净化。这种技术有助于减少水体中的藻类生长，提高透明度，改善水质，同时为水生生物提供栖息地，促进生态平衡。

二、案例分析——南京湖泊生态浮岛项目

1．项目背景

南京湖泊生态浮岛项目旨在通过人工构建的生态系统改善湖泊水质并恢复生态环境。这些生态浮岛通常由植物、微生物和土壤组成，悬浮在水面上，能够吸收和分解水体中的营养物质，如氮、磷等，减少污染物含量，并为水生生物提供栖息地，增加生物多样性。

在南京地区，生态浮岛项目的实施有助于应对城市湖泊面临的污染问题，提升水质，改善城市景观，以及增强湖泊的生态功能。例如，南京鼓楼区实施的泵站水质提升项目就是一个采用仿生修复技术，通过设计漂浮式拼装湿地装置和微生物培养基净化装置来净化水体的案例。这些项目不仅提高了水质，还创造了宜人的水环境，提升了居民的生活质量。

此外，南京河西幸福河综合生态整治修复案例中，生态浮岛与其他生态修复技术结合使用，有效改善了河道水质，减少了黑臭现象，恢复了水体生态系统，显示了生态浮岛在城市水体修复中的实际应用效果。

2．项目目标

南京湖泊生态浮岛项目聚焦于湖泊生态系统的修复与提升。生态浮岛通过植物吸收和微生物降解作用，有效净化水质，减少富营养化，改善湖泊生态环境。拟通过构建生态廊道，连接孤立的生态热点，形成完整的生物多样性保护网络。南京湖泊生态浮岛项目将推动绿色发展，探索生态资源的可持续利用模式，促进生态环境与经济的协调发展，为城市生态建设提供示范。

3．具体项目治理措施

（1）南京鼓楼区中央北路北端项目

在南京鼓楼区中央北路北端，上元门泵站前池的项目中，采用了仿生修复技术，设计了漂浮式拼装湿地装置，让水体原位净化。项目中在水面打造了人工湿地浮岛，种植了黄菖蒲、旱伞草、美人蕉、圆币草等水生植物，模仿自然生态系统。此外，还设置了微生物培养基净化装置，利用微生物降解水中的有机物，从而达到水质净化的目的。这个项目实施后，石头城泵站和上元门泵站的水质得到显著改善，雨后短时间内水质可以达到Ⅴ类，上元门泵站水质能够稳定达到Ⅱ～Ⅲ类。

（2）河西幸福河综合生态整治修复项目

河西幸福河示范段的项目中，运用了 CMIC 复合微生物载体污水净化技术和生态浮岛下挂碳素纤维生态草等工艺相结合的方法，对黑臭河道进行综合治理。通过这种技术，水体的溶解氧含量增加，透明度提高，最终水质达到Ⅳ类水质标准。不仅展示了生态浮岛在水体修复中的实际应用效果，而且体现了南京在城市湖泊生态保护和修复方面的努力与创新。通过这些措施，南京的湖泊生态环境得到了改善，同时提升了城市的居住品质和生态旅游吸引力。

三、生态浮岛设计

1. 确定设计目标和原则

（1）设计目标

生态修复与保护：通过模拟自然生态环境，提供水生生物的栖息地，促进生物多样性，以及通过植物吸收营养物质来改善水质，从而实现生态系统的修复和保护。

景观提升：生态浮岛能够增加水域的绿化覆盖率，改善视觉景观，提升水体的整体美感，同时可以作为休闲娱乐的场所，增强人们的亲水体验。

环境教育：生态浮岛可以作为环境教育的平台，增强公众对水资源保护和生态环境重要性的认识。

（2）生态浮岛设计的原则

生态优先原则：在设计中优先考虑生态保护和自然恢复，最小化人为干预，保护和利用自然资源。

可持续发展原则：设计应考虑资源的可再生性和环境的可持续性，确保生态浮岛能够长期稳定运作，减少维护成本。

多功能性原则：生态浮岛应具备多重功能，如提供生物栖息地、净化水质、休闲娱乐等，以满足不同的社会和环境需求。

安全性原则：确保生态浮岛在各种水文条件下的稳定性，避免对水生生态系统造成破坏。

美观性原则：设计时要考虑美学因素，使生态浮岛与周围环境协调，提升景观价值。

2. 选址与规划

确定施工方案：在确定施工方案后，进行浮岛材料和设备的采购，对施工区域进行清理和测量。

选择适合建设浮岛的水域：综合考虑水域深度、水质状况、阳光照射等因素，确保浮岛的生态效益和景观效果。

设计浮岛形状：根据选定水域的形状和面积，设计适合的浮岛形状，并考虑设置围护边缘以增加稳定性。

选择浮岛材料：选择耐水、耐腐蚀、耐候的材料，如塑木材质或聚乙烯材质等。

设计内部结构：在浮岛内部设置隔离分隔板，用于培养水生植物和稳固浮岛。

选择水生植物：根据浮岛的区域特点选择适合的水生植物进行种植，如荷花、香蒲、芦苇等。

3. 结构设计

浮床框架：这是生态浮岛的主体结构，通常由高密度聚乙烯（HDPE）或其他抗风浪材料制成，用于承载植物和其他生态组件。浮床框架的设计可以是长方体、多边形或其他形状，以适应不同的水域环境和设计要求。

植物种植区：在浮床框架上设置专门的种植区，这些区域通常具有通孔，用于种植水生植物。植物根系可以伸展到水中，吸收营养物质，同时提供生物多样性的栖息地。

生物膜区和曝气区：在某些设计中，浮床框架还包括用于培养生物膜和提供曝气的区域，以增强水体的自净能力。

支撑系统：为了确保浮岛的稳定性，特别是在风浪较大的水域，浮岛可能配备网格状或其他形式的支撑系统。这些支撑系统有助于分散压力并防止浮岛翻转或散架。

植物选择：生态浮岛上种植的植物种类多样，包括净化型植物、景观型植物和遮阴植物等。植物的选择取决于其对当地气候和水质的适应性，以及其在生态系统中的作用。

溢流系统：为了防止雨水或灌溉水积聚，浮岛边缘可能设置溢流孔，确保水分能够自由流动。

生物绳固定床：生物绳固定床是新型浮岛的载体，由高密度聚乙烯等材料制成，可以提供稳定的支撑面，同时允许植物根系穿透，增加与水体的接触面积，促进生物膜的形成和污染物的降解。

4．材料选择

复合材料：如复合轻质混凝土生态浮岛，它结合了轻质混凝土和其他轻质填充材料，如陶粒或蛭石，以及用于固定和连接的材料，如聚氯乙烯（PVC）管材或聚乙烯（PE）管材。

高分子聚酯纤维：这种材料被用作浮岛的载体和基质，能够提供稳定的支撑和良好的透气性，适合植物生长。

塑料材料：如 PE 和 HDPE，这些材料具有良好的强度和耐久性，适用于构建浮岛结构，并能提供必要的浮力。

泡沫塑料：虽然易老化，但仍被用作浮岛的材料之一，因为它们具有良好的浮力特性。

抗氧化塑料：这种材料结合了塑料的轻便性和抗老化性能，适用于生态浮岛的建设。

轻质陶粒：与 PE 材料结合使用，可以增强浮岛的结构稳定性和植物根系的附着力。

窗纱包裹蛭石：这种材料组合可以制成浮岛，具有一定的透水性和植物生长基质。

任务四 前置库技术

一、基本原理和应用

1．基本原理

前置库技术是一种水环境治理技术，主要用于大型河湖、水库等水域的入水口处。该技术通过设置规模相对较小的水域（子库），将河道来水先蓄在子库内，实施一系列水的净化措施。在子库中，通过沉淀污水携带的泥沙、悬浮物，以及利用子库中大型水生植物、藻类等进一步吸收、吸附、拦截营养盐，从而降低进入下一级子库或主库水中营养盐的含量，抑制藻类过度繁殖，减缓富营养化进程，改善水质。

2．技术应用

前置库技术是一种在水环境治理中用于减少污染物进入水体的工程措施。它通常涉及在河流、湖泊或水库入口建设小型的蓄水池，通过物理、化学和生物过程对水质进行预处理，以提高整体水体的水质。

（1）滇池河口前置库项目

滇池河口前置库项目是一个结合了物理、化学和生物技术的示范工程，旨在通过吸附剂、河流泥沙吸附氮磷、生态防护墙设计等手段强化前置库的净水功能。该项目建立了流场动力学模型和水质综合模型，对前置库的水质改善效果、除污机理、净化强化技术及数值模拟进行了研究，并在实际工程中取得了积极成效。

（2）河道-湿地-前置库水质改善技术

河道-湿地-前置库技术是一种针对特定河流水质特征开发的逐级脱氮除磷净化工程。这项技术通过筛选高效脱氮细菌和利用固体废物进行除磷，建立了示范区，并在白洋淀生态保护工程中得到应用，为解决低氧高氨氮河流水质改善提供了技术支持。

二、案例分析——滇池草海湖前置库应用

滇池草海湖内前置库的建设是为了改善湖泊水质，通过构建湖内前置库进行水质净化，有效削减上游来水的污染负荷。根据相关研究，滇池草海湖内前置库的水力停留时间大约为 20 d，通过水生植物的吸附、吸收、降解等过程，可以明显改善水体的 pH、溶解氧，为生物生长提供有利条件，有效削减 TP、TN、NH_3-N 等污染负荷，年均削减率分别达 38.0%、51.9%、65.7%。

此外，滇池草海入湖河流污染控制中应用了水生态修复技术，如食藻虫引导水生态修复技术、生态浮床技术和曝气增氧技术。这些技术共同作用于滇池草海西岸入湖口的乌龙河入湖口处，打造以沉水植物为主的生态缓冲区，旨在创建一个长效稳定的"草型清水态"系统，以充分发挥水体自净能力，削减入湖污染物，保障草海水质。

工程实施后，水环境质量明显改善，沉水植物种植区内水草丰茂，水体透明度显著提高，蓝绿藻滋生情况得到控制，感官上有明显的改善。水质检测结果显示，总磷的去除率达到 60%，氨氮去除率达到 25%，高锰酸盐指数去除率达到 36%，溶解氧提高 27.7%。

案例分析表明，滇池草海湖前置库的建设和水生态修复技术的应用对于湖泊水质的改善具有显著效果，有助于构建健康的水生生态系统，减少外部污染输入，提升湖泊的整体环境质量。

三、前置库设计

1. 确定需求和目标

在进行前置库设计之前，首先需要明确设计的需求，这些需求通常来源于对现有水资源状况的评估、环境保护目标的设定以及未来水资源管理的规划。根据流域或湖泊的具体污染状况，确定前置库需要达到的水质改善水平。

前置库作为调蓄设施，需要根据流域的洪水控制和干旱期供水的需求来设计其容量与调蓄能力。前置库设计还应考虑促进水生生态系统的健康和多样性，包括栖息地的创造、生物多样性的保护和生态服务功能的增强。另外，前置库的建设和运营成本、社区参与度、经济效益和社会影响也是设计时必须考虑的因素。

2. 选择合适的技术路线

在设计前置库时，选择合适的技术路线至关重要，这将直接影响前置库的效率和可持续性。

选择合适的技术路线，需要明确前置库设计的目标，如为了控制流域非点源污染、减少湖泊或水库富营养化，或者为了改善水质。此外，了解所服务区域的具体环境条件和污染特征也是必要的。选择技术时，应考虑其在类似环境中的应用经验和成熟度，可以参考已有的前置库技术指南和成功案例，这些资源可以提供关于技术选择的实证依据。

技术路线应考虑当地的地理、气候和生态条件。例如，平原河网区的前置库设计与山区或高原地区的设计会有所不同，需要采用适合当地环境的技术和材料。

技术路线的选择还应考虑建设和运营成本，以及长期维护的可行性。优选那些能够在预算范围内实现高效净化，并且具有良好生态平衡的技术。考虑引入新的技术或创新方法，特别是那些能够提供更好的处理效果或更低的运行成本的技术。在最终决定技术路线之前，进行综合评估和试点测试是非常有必要的。这有助于验证技术的实际效果，调整设计方案，并确保技术的可靠性和适应性。

3．设计数据库架构

（1）需求分析

在设计数据库之前，首先需要进行详细的需求分析，了解湖泊前置库的功能需求、数据类型、数据来源、数据处理流程以及用户访问模式。这一步骤对于确定数据库的规模和复杂程度至关重要。

（2）概念模型设计

根据需求分析的结果，设计概念模型，包括实体-关系模型（ER模型）。在这个阶段，需要定义所有相关的数据实体、实体之间的关系以及实体的属性。

（3）逻辑模型设计

将概念模型转化为逻辑模型，即数据库模式。在这一步骤中，需要选择合适的数据库管理系统（DBMS），并设计表结构、索引、视图、存储过程等。

（4）物理模型设计

根据逻辑模型和硬件环境，设计数据库的物理存储结构，包括表的存储方式、文件的组织、索引的创建策略等。

（5）数据库实施

在物理模型设计完成后，可以开始实施数据库，包括创建数据库、导入数据、设置安全性和权限等。

（6）测试与优化

在数据库实施后进行测试，确保数据库能够满足性能和功能要求。根据测试结果进行必要的调整和优化。

（7）维护与备份

建立数据库的维护计划，包括定期备份、性能监控和故障恢复策略，以保障数据库的稳定运行和数据的安全。

（8）文档编制

编制数据库设计文档，包括数据库模式、数据字典、用户手册等，以便于数据库的管理和未来的维护。

四、前置库工程实施

1．主体工程建设

湖泊前置库的建设通常涉及土建工程、水土结构、生态工程等多方面的工程技术。

（1）建设步骤

湖泊前置库的建设步骤通常包括选址、设计、施工和调试等。选址需要考虑地理位置、流域特征、水质状况和环境影响等因素。设计阶段则需要根据水质目标、流量计算、结构设计等进行详细规划。施工阶段包括土方开挖、堤坝建设、水闸安装等土木工程活动。最后，调试阶段确保所有设施按照设计要求正常运行，以达到预期的水质净化效果。

（2）关键技术

水体动力学模型、水质模型的建立和应用，以及生态工程技术的整合，这些技术有助于提高前置库的净化效率和生态功能。

（3）主要组成部分

调蓄缓冲区：用于调节流入湖泊的水量和流速，减少污染物的输入。

生态拦截区：利用植物和微生物的自然净化功能，去除水体中的悬浮固体、营养盐等污染物。

强化净化区：通过设置特定的生态工程设施，如生态浮床、砾石床过滤等，进一步提升污染物的去除效率。

深度净化区：对水质进行更深层次的净化，可能包括生物反应器或其他高级处理技术。

生态稳定区：确保处理后的水质达到一定标准，促进生态平衡。

导流系统：引导水流进入和流出前置库，避免短路现象，确保水体在库内有足够的停留时间以完成净化过程。

2. 生态系统构建

库内基地修复工程：通过生态修复和群落演替的有利原则，恢复水生植物，构建适合大型水生植被恢复的基质，优化库区内水流流动规律，达到强化处理的效果。

水生态重建工程：根据基底修复所构建的生态环境，合理布局前置库的生态功能，构建不同功能区，如陆生防护带，湿生防护带，挺水植物带和浮叶、沉水植物与底栖动物带等，以恢复和增强湖泊的生态系统服务功能。

水生生物繁育基地建设：为了保证水生植被的持续供给和生态系统的稳定性，可以在前置库附近建设水生生物繁育基地，培育反季节水生生物苗种。

任务五　湖泊生态系统综合治理

一、湖泊综合治理总体规划

1. 问题识别与目标设定

湖泊生态系统综合治理的问题识别通常涉及对湖泊当前生态环境状况的全面评估，包括水质、生物多样性、生态结构和功能等方面的监测与分析。问题识别的目的是确定湖泊生态系统中存在的主要问题和威胁，如富营养化、蓝藻水华、生态退化、外来入侵物种等。这些问题可能由自然因素和人为因素共同作用引起，其中人为因素（如过度开发利用、污染排放、生态破坏等）往往是主要驱动力。

湖泊生态系统综合治理的目标设定应该基于问题识别的结果，旨在解决或减轻已识别的生态问题，恢复和增强湖泊的生态功能，提高生物多样性，以及改善水质。目标的设定应遵循生态系统整体性原则，考虑湖泊与其流域的相互作用，以及人类活动对湖泊生态系统的影响。此外，目标还应具有可操作性和可衡量性，以便于监测治理效果和调整管理措施。

2. 治理措施与技术路线

（1）治理措施

定期清理湖泊底泥：减少内源污染，改善水质，可以采用机械清淤、水力冲刷或环保清淤等方式，并根据污染程度和底泥淤积情况确定合理的清淤周期。

控制入湖污染物排放：减少外源污染，包括利用再生水或清洁水源补充湖泊水量，以及利用微生物、水生植物等生物手段净化水质。

生态修复技术，包括建立湖泊水质监测系统、生态护岸建设、植被恢复、鱼类增殖放流和种植适宜的水生植物，以促进湖泊生态系统的稳定。

河湖水系连通：通过建设水利工程，改善湖泊与河流之间的水流交换，提高水体自净能力。

数字湖泊建设：利用现代信息技术构建湖泊智慧感知和管理系统，提高湖泊管理的科学性和有效性。

（2）技术路线

调查评估：对湖泊的水质、底质、水生生物等进行全面调查，评估湖泊的污染状况和生态状况。

设计整治方案：根据调查评估结果，设计针对性的综合整治方案，包括污染治理、生态修复等方面的措施。

工程实施：按照设计方案进行湖泊综合整治工程，包括底泥疏浚、水生植物种植、生态护岸建设等。

监测与评估：在整治工程实施后，对湖泊进行长期监测，评估整治效果，并根据实际情况调整和完善方案。

管理与协调：成立专门的管理机构或协调小组，负责统筹协调各方资源和利益，制定管理规定和操作规程。

二、工程案例

1. 洱海综合治理案例

洱海位于云南省大理白族自治州（以下简称大理州）境内，是中国第七大淡水湖，也是云南省第二大高原湖泊。20世纪90年代到21世纪初，由于产业发展和人口增加，洱海水质逐渐富营养化，曾两次暴发全湖性蓝藻。为了应对这一挑战，大理州实施了一系列综合保护治理行动，包括全民治湖、依法治湖、科学治湖和系统治湖等措施。这些措施有效改善了洱海的生态环境，形成了湖泊保护治理的洱海经验。

（1）核心机制

大理州以洱海流域山水林田湖草沙一体化保护和修复工程为抓手，积极争取上级资金支持，构建了"一屏一带一核一区多廊"的总体生态安全格局。通过全民共治共享工作体系，让社会各界与广大群众成为洱海保护的参与者和受益者。此外，大理州还加强了科技支持，与科研机构合作，建立了数字化监管服务平台，实现了监测数据和工作措施的互联互通。

（2）主要做法

全民治湖：大理州党政主要领导担任湖长，组建前线指挥部，动员全社会力量参与湖泊保护。

依法治湖：制定地方性法规，科学划定生态红线和湖泊生态黄线，构建了具有特色的保护法规体系。

科学治湖：依托科研平台，持续深化保护治理科技攻关，构建了覆盖洱海流域的监测网络。

系统治湖：实施七大行动和八大攻坚战，系统推进流域综合治理，构建绿色生态屏障。

（3）主要成效

洱海保护治理实现了五个转变，水质明显改善，生物多样性稳定向好，一度消失的"水质风向标"海菜花重现。

生态产品价值实现，旅游业和其他相关产业得到发展，2022年大理州吸引了大量游客，实现了显著的旅游收入增长。

2. 金湖综合治理案例

金湖位于湖北省枝江市，是鄂西地区最大的天然通江湖泊。近年来，宜昌市和枝江市通过修复金湖湿地生态，实施了系统治理、综合治理和协同治理，获得了国家有关部委的肯定和百姓的欢迎。金湖湿地生态修复项目入选国家山水修复工程首批优秀案例，并被评为长江经济带美丽湖泊。

（1）治理措施

系统治理：建立了多方位的治理工作机制，实施一体化治理。

综合治理：打出综合治理组合拳，包括关闭污染源、疏浚连通、种植水生植物等措施。

协同治理：跨部门合作，形成治理合力，确保生态修复工作的顺利进行。

（2）治理成效

金湖水质从劣V类提升至IV类，部分指标达到或优于III类，水体透明度显著提高。

生物多样性明显增加，水八鲜重现，鸟类种群数量上升。

3. 抚仙湖综合治理案例

抚仙湖位于云南省玉溪市，是珠江源头第一大湖，也是我国内陆湖中蓄水量最大的深水型淡水湖泊。抚仙湖流域被纳入全国山水林田湖草生态保护修复工程试点，通过精准有效治理城乡污水、全力防治农业面源污染、强化治理源头城乡垃圾和持续改善抚仙湖水生态等措施，实现了水质的稳定保持和生态系统的整体改善。

（1）治理措施

精准治理：采取源头截污、过程控污、末端治污的措施，建立城乡污水收处体系。

生态修复：实施生态修复工程，加强流域空间管控，推动水资源、水环境、水生态、水安全的整体改善。

（2）治理成效

抚仙湖水质总体稳定保持I类，入选国家重点支持生态良好湖泊名录，被纳入国家级重点生态功能保护区。

抚仙湖山水林田湖草生态保护修复工程被纳入中国山水工程，入选首批世界十大生态恢复十年旗舰项目。

思考题

1. 湖泊污染修复工程是否应该优先采用生物修复技术而非化学修复技术？

2. 对比物理修复、化学修复和生物修复在湖泊污染修复工程中的优缺点，并举例说明。

3. 湖泊污染修复工程中，生物修复技术包括哪些具体方法？它们各自的原理和适用条件是什么？

4. 探讨湖泊污染修复工程实施后，对周边地区经济发展和居民生活可能产生的影响，并提出应对措施。

项目五　小贴士

项目六　水库污染修复工程

【学习目标】本项目旨在探讨水库生态修复技术，让学生了解水库对水流、水质和生态的影响，认识水库生态修复的重要性和必要性。

【学习任务】调查水库污染现状，研究物理、化学、生物等修复技术，合理选择组合修复方法并应用实践。了解水库生态修复的基本原理，如生态平衡、水体自净等，掌握物理、生物、化学等修复方法。

📁 任务导入

水库污染修复工程是一项复杂的系统工程，旨在通过一系列技术措施恢复水库的水质和生态环境，使其达到预定的环境标准。在项目六中，将通过任务一至任务五的学习分析，讲述解析完整的水库生态修复和保护体系（图6-1）。

水库生态环境调查：生态环境调查是整个修复过程的基础和起点。通过生态环境调查，可以了解水库当前的水质状况、生物多样性、沉积物特性、污染源及其分布等关键信息，调查结果为后续的修复技术选择和实施方案制订提供科学依据。

水库生物修复技术：主要利用植物、微生物等生物体的自然净化功能来吸收、降解和转化水中的污染物，这项技术可以恢复和增强水库的自净能力，提高水库生态系统的健康和稳定。

水库水质净化技术：通过物理、化学或生物方法去除水中的悬浮物、有机物、营养盐和有毒物质，从而改善水质，这项技术可以作为生物修复技术的补充，针对不同类型的污染物采取相应的净化措施。

水库沉积物处理技术：关注水库底泥中的污染物，通过清淤、固化、覆盖等方法减少沉积物对水质的负面影响。

水库生态系统综合治理：生态系统综合治理是一个综合性的概念，它将上述所有技术整合在一起，形成一个协调一致的修复方案，考虑了水库生态系统的整体性和相互关联性，通过多措并举，实现水质改善和生态恢复的双重目标。

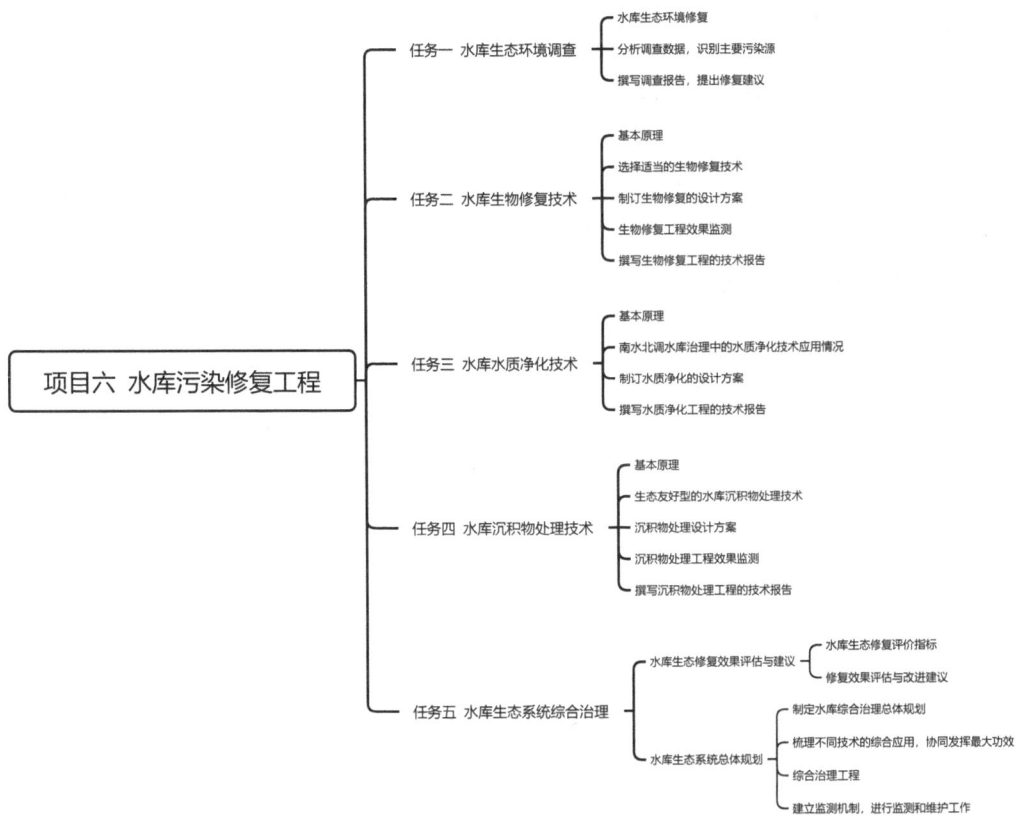

图 6-1 水库污染修复工程思维导图

一、水库生态修复主要项目

(一) 污染源排查与监测

(1) 对水库周边的工业污染源进行详细调查和监测。

(2) 分析农业面源污染的分布和强度。

(二) 污染水体治理

(1) 实施物理处理方法。

(2) 运用化学方法进行水质净化。

(3) 引入生物处理技术。

(三) 底泥治理

(1) 开展底泥污染评估。

(2) 选择合适的底泥疏浚或原位修复技术。

（四）水库生态修复

（1）构建水库周边的生态缓冲带。
（2）重建水生植物群落。
（3）投放适宜的水生动物。
（4）恢复水库周边的湿地生态系统。

（五）环境管理与监测

（1）建立水库污染监测体系。
（2）制订长期的环境管理计划。

二、水库生态修复知识

（一）水文学与水资源知识

1．水库的水文特征

（1）水库的蓄水能力、水位变化规律

水库的蓄水能力指其最大储水容量，取决于设计规模、地形地貌、大坝高度和长度等。水库水位变化规律受多种因素影响，自然因素中，降雨增多、河流来水使水位上升，蒸发量导致水位下降，来水量和时间分布也有作用。人为因素中，为满足发电等需求的调度运用会致水位改变。季节变化明显，雨季水位上升，旱季水位下降。总之，蓄水能力重要，水位变化复杂，要综合考虑自然和人为因素。

（2）水库的入流和出流过程，包括地表径流和地下渗流

地表径流由降雨或融雪形成后直接入水库，其受降水量等因素影响。雨量大集中、地形坡度大等时，地表径流水量大、流速快，能短时间大幅增加水库入流量。地下渗流缓慢渗入水库，流量小且平稳，受地质等条件影响，对水库长期补水有用。水库出流包括发电、灌溉、供水、生态放水、溢洪等。总之，水库入流和出流复杂，受多种自然和人为因素影响。

（3）水库的蒸发和渗漏损失是水库水量损失的两个重要方面

蒸发损失指水库表面水分受热转化为水蒸气进入大气，损失量取决于地区气候条件，如气温、湿度、风速和日照时长等，通常气温高、湿度低、风速大、日照长的地区及水面面积大的水库蒸发损失大。渗漏损失指水库的水通过坝体等部位向地下渗透流失，大小与地质条件、建筑材料和施工质量相关，地质结构疏松等导致渗漏严重。为减少损失，在水库规划、设计和运行管理中可采取措施，如干旱地区减少水面面积或覆盖防蒸发材料降低蒸发损失，加强大坝监测维护和防渗处理减少渗漏损失。

2．水资源的合理利用和保障措施

（1）优化配置

根据区域水资源与需求，构建动态分配机制。如黄河流域实施统一调度和水权交易，实现九省区多领域精准配水，提升利用效益。

（2）节水循环

推行农业滴灌、工业水循环技术。我国园区工业水重复利用率超 85%，降低新水消耗。

（3）法规保障

依托《中华人民共和国水法》等完善政策体系。浙江"河长制"优化水环境，通过严控取排污、建立补偿机制，推动多方共治。

（二）环境化学知识

1．污染物在水体和底泥中的化学行为

污染物的迁移转化过程，如吸附、解吸、沉淀、溶解等。

污染物的氧化还原反应和光化学反应。

污染物的生物地球化学循环。

2．化学净化剂的作用原理和使用方法

（1）化学药剂的作用机制

絮凝剂：通过电中和、吸附架桥等作用，使水中悬浮颗粒脱稳聚集，形成较大絮体沉淀分离。如聚合氯化铝，能压缩胶体颗粒的双电层，降低颗粒间的排斥力，促使颗粒相互碰撞凝聚。

氧化剂：利用强氧化性，将水中还原性物质（如有机物、硫化物）氧化分解，破坏其结构，降低污染物浓度。如高锰酸钾，可将水中的亚铁离子氧化为氢氧化铁沉淀，便于后续分离。

消毒剂：破坏微生物细胞结构或代谢功能，杀灭细菌、病毒等病原体。以氯气为例，其与水反应生成次氯酸，能穿透微生物细胞膜，氧化细胞内酶，从而达到消毒的目的。

（2）投加量计算和投加方式

投加量需根据水质指标（如浊度、污染物浓度）、处理水量和净化目标，通过烧杯试验或经验公式确定。投加方式上，絮凝剂常采用连续投加，通过计量泵控制流量；氧化剂和消毒剂可根据水质变化，灵活选择间歇或连续投加，一般通过管道混合器使药剂与水体充分混合。

（3）安全注意事项

化学净化剂多具有腐蚀性、毒性或刺激性。使用时需穿戴防护服、手套和护目镜；药剂储存要远离火源、热源，分类存放，避免相互反应；操作后及时清洗，若不慎接触药剂，立即用大量清水冲洗，并及时就医；废弃药剂需按危险废物处理，严禁随意排放。

（三）生态学原理

（1）水库生态系统的结构和功能

1）生产者、消费者、分解者在水库生态系统中的作用。在水库生态系统中，生产者通过光合作用制造有机物，为其他生物提供物质和能量基础；消费者依赖生产者或其他消费者获取能量，促进物质和能量流动；分解者将有机物分解为无机物，供生产者重新利用，维持生态系统的物质循环。

2）食物网和能量流动的途径。食物网是生物间的摄食关系网，能量沿食物链单向流动，从生产者到各级消费者，逐级递减。

3）生态系统的物质循环过程，如碳循环、氮循环、磷循环。生态系统中，碳循环通过光合作用、呼吸作用、分解作用及燃烧等进行；氮循环有固氮、氨化、硝化、反硝化等

环节；磷循环在岩石、土壤、水和生物间转移，主要源于岩石风化。

（2）生物多样性保护和生态平衡的维持

1）生物多样性的组成和价值。生物多样性包括遗传、物种和生态系统多样性。其价值有直接价值，如供食、药、原料等；间接价值，如维持生态、调节气候等；还有潜在价值，即未被发现利用的价值。

2）生态系统稳定性的影响因素。生态系统稳定性的影响因素有生物多样性、结构复杂性、外界干扰、环境变化、生物适应性及自我调节能力。

3）保护和增加生物多样性的策略。保护和增加生物多样性的策略包括建立自然保护区、实施可持续的土地和水资源管理、加强生物多样性监测与研究、推广生态农业和可持续林业、控制外来物种入侵、加强环境教育以增强公众意识、制定并执行相关法律法规等。

（四）工程技术知识

（1）各种污染治理工程的设计和施工要点

1）污水处理设施的工艺流程设计。

2）底泥疏浚设备的选择和操作。

3）生态修复工程的布局和工程材料的选用。

（2）监测设备的使用和数据分析方法

1）水质检测仪器（如分光光度计、气相色谱仪）的操作和维护。

2）底泥采样设备和分析仪器的使用。

3）监测数据的统计分析和图表绘制。

（3）生态修复工程的技术手段和实施流程

1）水生植物种植和养护技术。

2）水生动物放养的时机和密度控制。

3）生态缓冲带和湿地建设的工程规范。

（五）政策法规

（1）相关的环境保护法律法规

1）《中华人民共和国环境保护法》《中华人民共和国水污染防治法》等法律法规中关于水库保护的条款。

2）污染物排放标准和环境质量标准。

3）环境影响评价制度和环保审批程序。

（2）水资源管理的政策要求

1）水资源开发利用的规划和管理政策。

2）水功能区划和水资源保护制度

3）节水型社会建设的相关政策。

任务一　水库生态环境调查

一、水库生态环境修复

（一）水库生态修复的背景和重要性

1．水库生态修复的背景
（1）人类活动的广泛影响

全球人口增长和经济发展使水资源需求剧增，大量水库兴建改变了自然水文和生态结构，如蓄水淹没土地、干扰水生生物。

（2）水质污染日益严重

工农业发展中污染物和生活污水排放，使水库水质污染，危害生物生存，降低水资源价值和安全性。

（3）生态系统遭受显著破坏

水库蓄水和放水会引发生态问题，如湿地萎缩、河岸侵蚀、阻断水生生物洄游，影响生态平衡。

2．水库生态修复的重要性
（1）水资源保护

能提高水库水质，保障水资源供应，满足各类用水需求。

（2）生物多样性维护

创造生态环境，提供栖息繁衍场所，促进物种多样性保护和恢复。

（3）生态系统服务功能提升

增强水库蓄水等功能，应对灾害和变化，如削减洪峰、保障用水。

综上所述，水库生态修复是维护生态、保障水资源和促进发展的迫切需要与必然选择，能实现人与自然和谐共生，为后代创造美好环境和发展空间。

（二）水库水质、底泥、生物多样性调查

1．调查目的
深入了解水库的水质状况、底泥特征以及生物多样性水平，评估水库生态系统的健康状况，为水库的生态保护、水资源管理和可持续利用提供科学依据，为制定有效的保护和修复策略提供数据支持。

2．调查范围
涵盖整个水库的水域、周边一定范围的集水区、入库河流、出库河流以及可能受水库影响的相关区域。

3．调查内容
（1）水质调查

物理指标：水温、色度、浊度、透明度、电导率，流速、流量、水深、水位。

化学指标：pH、DO、COD、BOD$_5$、TN、NH$_3$-N、NO$_3^-$-N、NO$_2^-$-N、TP、正磷酸盐、重金属（如汞、镉、铅、铬、砷等）；其他污染物（如氟化物、氯化物、硫酸盐、氰化物等）；有机污染物（如多环芳烃、农药残留等）。

（2）底泥调查

物理性质：颜色、质地、粒度分布；含水率、孔隙率。

化学性质：总氮、总磷、有机质含量；重金属含量及形态分布；有机污染物含量。

（3）生物多样性调查

1）浮游生物。

浮游植物：种类组成、细胞密度、优势种。

浮游动物：种类组成、个体密度、优势种。

2）底栖生物。

种类组成、生物量、栖息密度、优势种。

3）水生高等植物。

种类组成、分布面积、生物量。

4）鱼类。

种类组成、种群数量、年龄结构、体长体重分布。

5）鸟类及其他陆生动物。

种类组成、数量、栖息地分布。

4．调查方法

（1）水质调查

1）现场采样。

按照预设的采样点，使用专业的采样器具采集水样。注意采样的深度和时间，确保样品具有代表性。

2）实验室分析。

物理指标采用相应的仪器进行测定，化学指标依据国家标准方法进行分析。

（2）底泥调查

1）采样。

使用底泥采样器采集不同深度和位置的底泥样品。

2）分析。

物理性质通过常规的实验方法测定。化学性质采用化学分析方法和仪器分析方法。

（3）生物多样性调查

1）浮游生物。

浮游植物：使用浮游生物网采集，显微镜观察鉴定。

浮游动物：采用不同孔径的网具采集，显微镜鉴定计数。

2）底栖生物。

用采泥器或拖网采集，鉴定分类计数。

3）水生高等植物。

现场观察记录，采集样本鉴定。

4）鱼类。

采用捕捞、声学监测、标记重捕等方法。

5）鸟类及其他陆生动物。

观察记录、样线法、样点法等。

5．数据分析与报告

（1）对收集的数据进行整理、录入和统计分析

1）运用统计学方法，比较不同时间、空间的数据差异。

2）绘制图表，直观展示调查结果。

（2）撰写详细的调查报告

1）包括水库的基本情况、调查方法和过程。

2）水质、底泥和生物多样性的现状及变化趋势。

3）存在的问题及原因分析。

4）提出针对性的保护和管理建议。

二、分析调查数据，识别主要污染源

1．数据整理与预处理

1）对收集到的水质、底泥和生物多样性等各类数据进行系统整理，按照不同的指标和采样点进行分类存储。

2）检查数据的准确性，通过重复检测或与其他可靠数据对比，剔除明显异常和错误的数据。

3）对于缺失值，根据数据的分布特征和缺失情况，采用均值插补、回归插补或多重插补等方法进行合理处理，以确保数据的完整性。

2．建立污染指标体系

1）依据水库的功能、生态特征以及相关的环境保护标准和法规，确定具有针对性的污染评估指标。

2）构建综合的污染指数，如水质综合污染指数、底泥污染指数等，以便更直观地反映整体污染程度。

3）相关性分析。

①用统计学方法，如皮尔逊相关系数等，分析不同污染物线性或非线性相关性，如氨氮与总氮、总磷可能有显著正相关及共同来源或转化关系。

②将污染物浓度与人类活动指标进行相关性分析，判断人类活动对水库污染的影响。

4）时空分布分析。

①按时间尺度绘制污染物浓度变化曲线，分析季节性规律，如雨季浓度升高可能与面源污染有关，旱季稳定可能受点源污染影响。

②制作不同区域污染物浓度图，明确空间差异，高浓度区域可能靠近污染源。

5）污染负荷核算。

①对于工业污染源，根据废水排放量和污染物浓度监测数据计算污染负荷。

②对于农业面源污染，用流失系数法等估算氮、磷等排放量。

③考虑生活污水排放，根据人口等核算对水库污染的贡献，比较各污染源的污染负荷确定相对比例。

6）运用模型辅助分析。

①用水质模型，输入参数模拟污染物迁移、扩散和转化过程。

②通过敏感性分析确定影响污染物浓度的较大因素，辅助判断主要污染源。

③结合模型预测结果和监测数据验证和优化污染源识别。

7）对比历史数据。

①收集水库多年监测数据和报告，建立数据库。

②对比当前与历史数据在污染物方面的变化，新升高或新增污染物可能有新污染源，长期稳定的来源可能固定。

③分析污染变化趋势与周边因素的关系，提供背景信息。

8）综合评估与验证。

①综合考虑分析结果，结合实际经验初步确定主要污染源。

②实地调查、走访等验证和补充初步结论。

③组织专家评审讨论，确保结果科学可靠。

三、撰写调查报告，提出修复建议

水库生态环境调查与修复以三大理论为基石：物质循环与转化理论，揭示污染物在沉积物—水体—生物间的迁移规律，为物理、化学处理技术提供理论依据，明确污染物去除与转化方向；生态修复工程理论，强调通过生物手段重塑生态系统结构与功能，指导微生物、水生植物及底栖动物的科学应用，恢复水生态系统自净能力；工程效应评估理论，用于量化不同处理技术对生态环境的影响，辅助优化物理、化学措施的实施强度与范围，平衡治理效果与生态扰动。开展生态环境调查时，需要着重调查社会经济、居民生活、地理地质等情况。

水库作为水资源调配与生态调节的核心枢纽，在农业灌溉、城市供水、防洪减灾等领域发挥着不可替代的作用，同时也是区域生态系统稳定的重要支撑。但随着人类活动强度的增加，如工业废水排放、农业面源污染，以及自然条件变化的影响，水库面临水质恶化、水生态系统退化、生物多样性锐减等严峻挑战。其中，水库底部沉积物已成为污染物的重要蓄积库，持续向水体释放有害物质，加剧生态问题。因此，开展以沉积物处理为核心的生态环境调查，并提出科学修复建议，对保障水库生态健康、实现可持续利用至关重要。调查报告大纲示例如下。

水库生态环境调查报告

1. 引言

（1）调查背景

（2）调查目的

2. 水库概况

（1）自然地理特征

（2）水库工程特性

（3）周边社会经济状况

3. 调查方法与过程

（1）调查内容

（2）采样与监测方法

（3）调查时间与频率

（4）数据处理与分析方法

4. 调查结果

（1）水质状况

（2）底泥特征

（3）生物多样性

（4）周边植被

（5）污染源分析

5. 影响评估

（1）对水库生态系统功能的影响

（2）对周边居民生活和经济发展的影响

6. 初步修复建议

（1）污染源治理

（2）水质改善措施

（3）底泥治理

（4）生物多样性保护

（5）管理与监测

（6）公众教育与参与

7. 结论

任务二　水库生物修复技术

一、基本原理

水库生物修复技术是利用生物的生命活动来减少或消除水库水体中的污染物，以改善水库生态环境的方法。其基本原理主要包括以下几个方面。

1. 生物的代谢作用

微生物（如细菌等）能分解转化有机污染物，摄取有机物质为营养源，将复杂有机物分解为无机物，如将含氮有机物转化为氮气等，降低氮、磷浓度，减少藻类生长可能。

2. 植物的吸收和转化

水生植物（如沉水植物、浮水植物、挺水植物）在水库生物修复中非常重要。能吸收氮、磷等营养盐，根系为微生物提供附着表面，增强污染物降解能力，还能通过光合作用释放氧气，改善溶解氧条件，促进好氧微生物代谢，提高去除效率。

3. 生态系统的平衡与稳定

生物修复技术构建平衡稳定的水库生态系统，引入合适的生物种类，恢复增强结构和功能，提高自我调节和净化能力，如增加水生动物控制藻类等繁殖，维持生物群落平衡。

4．生物之间的协同作用

水库生态系统中，生物间存在复杂关系和协同作用。微生物、植物和动物相互依存影响，如微生物分解产生的无机盐被植物吸收，植物为动物提供物质条件，动物活动促进物质循环和能量流动，协同去除污染物，改善生态环境。

总之，水库生物修复技术基于生物的自然生态过程，通过合理调控和利用生物的代谢、吸收、转化等功能，以及生物之间的协同关系，实现水库水质的改善和生态环境的恢复。

二、选择适当的生物修复技术

1．背景

新安江水库是长三角地区重要的战略水源地和生态景观区，其生态健康和水质安全意义重大。然而，部分区域存在氮、磷含量偏高的现象，氮、磷主要来源周边农业面源污染和旅游活动产生的生活污水排放等，此外，一些靠近工业和交通枢纽的区域还检测出微量重金属及持久性有机污染物。

2．技术方法

（1）微生物修复技术

筛选培养芽孢杆菌等高效降解污染物的微生物菌群，利用其代谢转化污染物，降低水体污染物浓度。结合微生物载体技术，如多孔高分子材料，为微生物提供适宜环境，提高其存活率和作用效率。

（2）植物修复技术

根据新安江水库生态条件选合适净水植物，如沉水植物、浮水植物、挺水植物。植物能吸收氮、磷等，茎叶拦截吸附污染物，分泌物质抑制藻类，构建植物群落能为水生动物提供栖息地，促进水生态平衡稳定。

（3）生态监测与评估技术

运用先进设备和方法，布设大量监测点采样检测，获取水体数据。通过建立模型和评估体系，分析预测污染物和生态系统状况，为修复技术提供依据。

3．措施

（1）投放适宜的微生物

筛选和培养具有高效脱氮除磷能力的微生物菌群，如芽孢杆菌和假单胞菌。在氮、磷含量超标的重点区域精准、定量投放微生物，并利用实时监测系统与模型预测跟踪其生长、繁殖和代谢活性以及污染物浓度变化，灵活调整投放量、频率和区域。结合使用生物载体和生物刺激剂，增强微生物的存活和作用效果。

（2）种植净水植物

1）充分考虑新安江水库的生态因子，选择适合的净水植物种类，如在不同区域分别配置沉水植物、浮水植物和挺水植物。

2）在选定区域采用科学种植方法和密度控制，确保植物快速形成稳定群落。

3）建立完善的监测和管理体系，定期评估植物生长状况和水质净化效果，及时清理病虫害植株，控制植物过度生长和扩散，合理调整收割和修剪时间，并妥善处理收割的植物。

4．效果

通过科学选择和应用生物修复技术，预计有显著效果。首先，能有效降低水体氮、磷含量，改善水质，保障水源安全，达到或接近地表水环境质量标准。其次，减少重金属和持久性有机污染物浓度，降低潜在威胁，种植净水植物能吸收污染物、增加生物多样性、完善生态系统。同时，稳定的生态系统能增强自我调节和修复能力，提高韧性，美化景观促进生态旅游。此外，监测管理措施能及时解决问题，保障修复工作。最后，实现新安江水库生态系统健康、稳定、可持续发展，促进人与自然和谐共生，为后代留下美好水域。

三、制订生物修复的设计方案

1．生物修复设计的理论基础

生物修复是利用微生物、水生植物、水生动物等生物体的代谢活动，降低或消除水体中的污染物，从而实现水质改善与生态系统修复的一种绿色、可持续的技术。其适用于富营养化、重金属污染、有机物残留等多类水体问题。

（1）主要修复机制

微生物修复：利用优势菌群降解有机物、氨氮、磷等污染物。

植物修复：通过挺水植物、浮叶植物、沉水植物吸收、转化污染物。

动物辅助修复：如贝类过滤有机颗粒、水生动物调节食物链结构。

生态系统调控：构建水体内多层级的生态网络，提升自净能力。

（2）修复设计原则

因地制宜、系统设计：根据水库污染类型、水动力条件、生物种群结构设计个性化方案。

稳定性与可持续性：确保修复系统能长期运行，不易受到外界扰动破坏。

生态安全性：避免引入外来有害生物或扰乱原有生态平衡。

与其他工程措施协同：与调水、曝气、控源措施协同构成综合治理体系。

2．新安江水库生物修复设计方案（建议结构）

（1）项目背景

新安江水库流域近年来面临水华频发、营养盐积聚等问题，需通过生态途径构建水体自净能力，以改善水质、恢复生态功能。

（2）修复目标

降低氮、磷等营养物浓度，控制水华发生。

恢复水生植被群落。

提升水体透明度与生态稳定性。

（3）修复区域划分与功能定位

核心修复区：水质最差、水体交换慢区域，重点种植沉水植物、布设微生物载体。

缓冲修复区：污染通道区，设置挺水/浮叶植物带。

生态过渡区：水库入流区，用于物种迁移、环境缓冲。

（4）关键技术措施

沉水植物群落构建：选用金鱼藻、苦草、轮叶黑藻等耐污染品种。

浮叶/挺水植物带建设：如菖蒲、香蒲、睡莲，构建岸带缓冲。

微生物强化系统投放：在水下设置人工微生物载体，持续投加复合菌群。

生态浮岛布设：在开阔水域放置生态浮岛，种植植物并挂载菌群。

定期监测与评估：布设水质监测断面，动态评估生物修复成效。

（5）运维管理机制

制订季节性管护方案。

调控植物生长密度。

对水质异常区域及时干预。

动态优化菌群与植物配置。

四、生物修复工程效果监测

为全面精准持续监测新安江水库生物修复工程效果，构建了涵盖多学科、多指标且灵敏的综合性监测体系。包括常规水质参数，还深入水生生物群落结构微观层面，对浮游植物、浮游动物、底栖动物动态变化进行跟踪，运用分子生物学技术分析微生物群落，记录评估净水植物生长状况。

监测频率在工程实施关键前三个月每周一次，之后随效果显现稳定调整为每两周一次，一年后每月一次，深度广度不变。通过收集分析数据掌握效果，查找问题根源，如微生物投放、净水植物生长、外部污染源等问题。

基于监测和分析结果调整策略，如增减微生物投放量或种类、优化净水植物种植养护、加强外部污染源管控等，形成动态优化闭环管理系统，确保工程朝预期目标迈进。严格实施并持续监测调整，新安江水库生态环境将显著改善，实现可持续发展，成为和谐共生典范。

五、撰写生物修复工程的技术报告

新安江水库生物修复工程技术报告示例。

1. 引言

新安江水库作为区域重要的生态和水资源宝库，近年来面临水质恶化与生态系统失衡的严峻挑战。为恢复其生态健康，提升水质状况，一项综合性的生物修复工程得以精心策划并付诸实施。本技术报告旨在全面且深入地阐述这一工程的实施详情与成效，为相关领域的未来工作提供富有价值的参考依据。

2. 工程概述

（1）工程目标

通过整合多种生物修复策略，实现新安江水库水体中污染物的显著削减，重建水生生态系统的结构与功能，增强其稳定性和抗干扰能力，从而保障水质达到或优于特定的环境标准，并促进生物多样性的蓬勃发展。

（2）工程范围

涵盖新安江水库全域，重点聚焦于入湖口、湖湾、沿湖农业和居民密集区周边水域以及湖心区等关键区域，这些区域被确认为污染负荷较高、生态脆弱且对整个湖泊生态平衡具有重要影响的部位。

3. 生物修复技术应用

（1）微生物投放

经过深入的实验室筛选和驯化，精心挑选了具有卓越脱氮除磷效能的芽孢杆菌、假单胞菌等微生物菌群。在整个工程期间，精准实施了投放作业。每次投放均依据水体的实时污染状况、水文条件和微生物群落的动态变化进行精细调控，以确保微生物在水体中迅速适应环境、定殖繁衍并发挥最大的污染物降解功能。

（2）净水植物种植

经过物种筛选和生态适应性评估，广泛种植了包括狐尾藻、苦草、香蒲等在内的多种本土净水植物。种植区域全面覆盖湖岸带的浅水区域、河口湿地以及部分湖心岛周边水域。在种植过程中，充分考虑了不同植物的生长特性、水深要求和生态位差异，通过科学合理的布局和密度控制，构建了层次分明、功能互补的水生植物群落，从而实现了对水体中营养物质的全方位吸收和拦截。

4．效果监测与评估

（1）监测指标与方法

建立了全面、系统的效果监测体系，涵盖物理、化学、生物等多个维度的指标。物理指标包括水温、透明度、水深、流速等；化学指标包括 TN、TP、COD、BOD_5、NH_3-N、NO_3^--N、NO_2^--N、重金属含量（如汞、镉、铅等）、pH、DO、电导率等；生物指标包括浮游植物和动物的种类与数量、底栖生物的群落结构、水生植物的生物量和覆盖度、微生物群落的多样性和功能基因表达等。监测方法采用定期定点水样采集与实验室分析相结合、生物样本现场调查与室内鉴定相结合，以及在线监测设备实时数据采集与人工巡检校核相结合的综合模式，确保监测数据的准确性、可靠性和时效性。

（2）监测结果

1）水质指标显著改善：经过持续监测和数据分析，发现新安江水库水体中的总氮、总磷含量分别显著下降了30%和25%，化学需氧量降低了20%，生化需氧量减少了18%，氨氮浓度下降了22%。同时，水体的透明度明显提高，由原来的平均 2 m 增加至 3 m 以上；溶解氧含量稳定保持在较高水平，均值超过 7 mg/L，有效改善了水体的氧化还原环境。

2）水生生物多样性丰富：浮游植物的种类由原来的 200 种增加至 250 种，优势种的比例更加均衡；浮游动物的数量和种类也呈现出明显的上升趋势，大型枝角类和桡足类的生物量显著增加。底栖生物的群落结构得到优化，敏感物种的出现频率提高，指示着水体生态环境的改善。水生植物的覆盖面积扩大了15%，生物量增长了12%，形成了更加繁茂和稳定的水生植被群落。

3）微生物群落结构优化：通过分子生物学技术对微生物群落进行分析，发现功能菌群（如硝化细菌、反硝化细菌、聚磷菌等）的相对丰度显著提高，微生物群落的多样性指数和均匀度指数分别增加了 0.2 和 0.15，表明微生物群落结构更加稳定和多样化，对污染物的转化和去除能力显著增强。

4）生态系统功能恢复：生态系统的初级生产力、物质循环和能量流动等关键功能指标得到明显提升。水体自净能力增强，生态系统的稳定性和抗干扰能力显著提高，为鱼类、鸟类等野生动物提供了更优质的栖息和觅食环境，促进了整个生态系统的良性循环和健康发展。

（3）效益评估

1）生态效益：生态系统的结构和功能得到显著恢复和提升，生物多样性增加，生态平衡得以重建。水质的改善和水生生物群落的恢复有助于维持湖泊生态系统的稳定性与服务功能，如水源涵养、气候调节、洪水调蓄等，为区域生态安全提供了有力保障。

2）社会效益：周边居民的生活环境质量大幅提高，为居民提供了更加优美、舒适的休闲娱乐空间。同时，良好的生态环境提升了当地的旅游吸引力，促进了生态旅游产业的发展，增加了就业机会和居民收入，增强了公众对生态保护的意识和参与度。

3）经济效益：渔业资源得到恢复和保护，水产品质量和产量提高，增加了渔业经济效益。水资源利用成本降低，减少了因水质污染导致的工业和农业生产损失。此外，生态环境的改善还提升了周边土地的价值，带动了相关产业的发展，为区域经济的可持续增长注入了新的动力。

5. 结论与建议

（1）结论

本次新安江水库生物修复工程通过科学合理的技术方案设计、严格精细的施工管理和全面系统的效果监测，取得了显著的成效。各项水质指标明显改善，水生生物多样性增加，生态系统功能逐步恢复，达到了预期的工程目标。这一成功实践为类似水库的生态修复提供了宝贵的经验和示范，也为推动区域生态文明建设和可持续发展作出了积极贡献。

（2）建议

1）持续强化监测体系：尽管当前的监测工作取得了显著成果，但仍需进一步完善和优化监测网络，增加监测点位和频率，引入更先进的监测技术和设备，以实现对水质和生态变化的更精确、实时和全面的掌握。

2）技术创新与优化：不断探索和应用新的生物修复技术和材料，如基因工程菌的研发与应用、新型生态浮床材料的开发、智能化湿地管理系统的构建等，以提高修复效率和效果，降低成本和环境风险。

3）加强污染源管控：在巩固现有污染治理成果的基础上，进一步加大对周边工农业污染源的监管力度，严格执行排放标准，推进产业结构调整和清洁生产，从源头上减少污染物的输入。

（3）展望

本工程的成功实施为新安江水库的生态修复开启了新的篇章，但生态保护是一项长期而艰巨的任务。未来，应持续秉持生态优先、绿色发展的理念，不断深化和拓展生物修复技术的应用，加强科技支撑和管理创新，努力实现新安江水库生态环境的长治久清，为子孙后代留下一片美丽、富饶和可持续发展的水域。

任务三　水库水质净化技术

一、基本原理

水库水质净化技术是一系列旨在改善水库水质、维护水生态平衡、保障水资源可持续利用的方法和策略。

1. 生物膜法

生物膜法是一种依靠微生物在固体介质表面形成的生物膜来处理污水的方法。在水库水质净化中，通常会在特定区域设置填充各种材料（如塑料、纤维、陶粒等）的生物反应器或接触氧化池。当水库水通过这些装置时，微生物会在载体表面附着生长并逐渐形成一层由细菌、真菌、原生动物和后生动物等组成的复杂生物膜。这层生物膜中的微生物通过自身的代谢活动，将水中的有机污染物作为营养物质进行摄取和分解，将其转化为二氧化碳、水和无害的无机物。同时，微生物还能够吸收和转化氮、磷等营养元素，实现水质的净化。

2. 微生物净化技术

微生物净化技术是通过向水库水体中引入经过特定筛选和培养的高效微生物菌种或菌群，来增强水体中原有微生物群落的代谢能力和污染物降解效率。这些高效微生物通常具有较强的分解有机物，去除氮、磷，降解有毒有害物质等能力。它们可以迅速适应水库水体环境，与原有微生物协同作用，加速污染物的分解和转化过程。

3. 曝气增氧技术

曝气增氧技术是通过向水库水体中注入空气或氧气，增加水体的溶解氧含量。充足的溶解氧能够促进好氧微生物的生长和代谢活动，加速有机物的分解和硝化作用，将氨氮转化为硝酸盐氮。同时，高溶氧环境还能抑制厌氧菌的生长，减少硫化氢、甲烷等有害气体的产生，改善水体的氧化还原电位，促进水体中污染物的氧化分解和底泥的稳定化。

4. 水生植物修复技术

水生植物修复技术利用水生植物的生理生态特性来净化水库水质。不同类型的水生植物（如沉水植物、浮水植物和挺水植物）在水体中占据不同的生态位，具有不同的功能。沉水植物（如狐尾藻、苦草等）能够直接从水体和底泥中吸收氮、磷等营养物质，并通过光合作用为水体提供氧气，促进底泥中有机物的分解。浮水植物（如凤眼莲、浮萍等）可以快速生长，大面积覆盖水面，吸收水中的营养物质，同时抑制藻类的生长。挺水植物（如芦苇、菖蒲等）不仅能够吸收水体中的污染物，其根系还能起到固定岸坡、减少水土流失的作用，同时为微生物提供栖息场所。

需要注意的是，在实际应用中，往往会根据水库的具体情况和污染特征，综合运用多种水质净化技术，形成协同互补的净化体系，以实现更好的水质净化效果和生态恢复目标。同时，水质净化技术的应用还需要结合长期的监测和管理，评估其效果并进行必要的调整和优化。

二、南水北调水库治理中的水质净化技术应用情况

南水北调水库治理项目意义重大，其水质净化技术应用非常关键。

混凝沉淀技术广泛有效，通过投加混凝剂使微小颗粒和胶体凝聚沉淀，混凝剂种类、投加量及搅拌条件很重要，能去除多种污染物。

砂滤技术传统可靠，砂层孔隙截留污染物，运行稳定、成本低，对大颗粒污染物去除效果好，但对溶解性污染物有限，常与其他技术结合。

活性炭吸附技术用于去除溶解性有机物和异味物质，比表面积大、孔隙多，吸附低浓度难降解污染物出色，但吸附容量有限，需定期处理。

这些水质净化技术相互结合、协同互补。混凝沉淀减轻后续负荷，砂滤为活性炭提供优质进水，活性炭实现深度净化，提高效果、降低成本。

然而，实际运行面临挑战，如随原水水质优化参数、加强设备维护管理、探索研发新技术材料，以保障长期稳定运行和供水安全。总之，这是一个复杂系统工程，要综合考虑多因素，不断优化创新，实现水资源可持续利用和环保。

三、制订水质净化的设计方案

水质净化理论包括污染物去除理论、水体富营养化控制理论、水质净化动力学理论、生态净化理论及生态水利理论等。污染物去除理论涵盖物理、化学、生物方法，如沉淀、氧化、活性污泥技术等；富营养化控制理论通过物理、化学、生物措施减少氮磷污染；净化动力学理论解析污染物降解与传质扩散规律；生态净化理论利用湿地、水生植物及微生物实现自然净化；生态水利理论强调通过生态堤岸、生态调蓄等方式恢复水体健康，实现环境保护与水资源利用的协同发展。

英国埃尔斯米尔水库水质净化方案示例。

1．项目背景

埃尔斯米尔水库是当地重要的水源地，但由于周边农业活动、工业发展和生活污水排放，水质面临氮、磷超标，藻类过度生长等问题。

2．设计目标

将水库中的氮、磷含量降低到安全标准以下。

减少藻类生物量，提高水质透明度。

保障水库供水的水质安全和稳定。

3．主要设计措施

（1）前置湿地处理

在水库水利建设大面积的前置湿地，种植具有高效吸收氮、磷能力的湿地植物，如香蒲、茭白等。

湿地中设置多道过滤坝，减缓水流速度，增加污染物沉淀和去除效果。

（2）微生物强化处理

向水库中投放特定的微生物制剂，如硝化细菌、反硝化细菌等，加速氮的转化和去除过程。

（3）生态浮床

在水库水面布置生态浮床，种植水生蔬菜或花卉，吸收水中的营养物质。

（4）底泥治理

定期对水库底泥进行疏浚和处理，减少底泥中污染物的释放。

（5）水源地保护

划定水库周边的水源保护区，限制农业化肥和农药的使用，加强对工业企业的排污监管。

4．监测与评估

（1）安装在线水质监测设备，实时监测氮、磷、溶解氧、叶绿素等关键指标。

（2）定期采集水样进行实验室分析，评估水质净化效果。

（3）对水库中的水生生物进行监测，了解生态系统的恢复情况。

5．运行与维护

（1）定期维护湿地植物和过滤坝，确保其正常运行。

（2）根据水质监测结果，适时调整微生物制剂的投放量和生态浮床的布局。

通过以上综合的设计方案和持续的运行维护，有望实现埃尔斯米尔水库水质的显著改善和长期稳定。

四、撰写水质净化工程的技术报告

水质净化工程技术报告主要涵盖工程背景、技术方案、实施步骤及预期效果。首先，明确水体的污染现状及治理目标，分析主要污染物种类及来源。其次，根据水质净化理论，制订综合治理方案，包括物理、化学、生物及生态修复技术的应用，如混凝沉淀、人工湿地、生态浮床及生物膜反应器等。实施中注重污染源控制、工艺优化及动态监测，确保净化效果。同时结合区域特点，融入生态水利设计，恢复水体生态功能。工程完成后，评价技术经济效益及生态改善效果，为类似工程提供可参考的实践经验和理论支撑。

英国埃尔斯米尔水库水质净化工程技术报告主要内容如下。

1. 引言

（1）工程背景

（2）工程目标

2. 工程实施概况

（1）工艺流程

（2）设备选型与安装

（3）施工进度与质量控制

3. 工程运行情况

（1）运行参数

（2）操作与维护管理

4. 水质净化效果评估

（1）监测方案

（2）监测结果分析

（3）效果评价

5. 经济与社会效益分析

（1）投资与成本核算

（2）社会效益

6. 结论与建议

（1）结论

（2）建议

任务四　水库沉积物处理技术

一、基本原理

水库沉积物处理技术通过物理、化学和生物手段处理水库底部沉积物，以去除污染物、提升水质和改善底泥质量。

物理处理技术包括疏浚和机械搅拌。疏浚直接移除含污染物的沉积物，可减少水体污染，但工程量大，且要处理好疏浚物以防二次污染。机械搅拌促进污染物挥发、氧化和分解，增强底泥与水体物质交换，提高去除效率。

化学处理技术基于化学反应降毒或转化污染物，如添加石灰、铁盐、铝盐等与污染物反应，固定或转化为易去除形态，但可能有化学残留，需慎选药剂和控制投加量。

生物处理技术利用微生物、植物及水生动物降解和转化污染物。微生物分解有机污染物，优化底泥环境可促其生长代谢。水生植物吸收富集污染物、固定底泥、吸收营养和重金属离子。底栖动物活动改善底泥生态，促进有机物分解。

总之，水库沉积物处理技术综合运用上述三种方法，相互协同，实现有效治理和生态修复。实际应用要根据水库具体情况选择合适技术或组合，达到最佳效果并减少生态影响。

二、生态友好型的水库沉积物处理技术

1．生物修复技术

（1）原理

微生物通过自身的新陈代谢过程，将沉积物中的有机污染物转化为无害物质或较易降解的中间产物。

（2）方法

1）微生物强化：筛选和培养具有特定降解能力的微生物菌株，将其大量投放到水库沉积物中，加速污染物的分解。

2）生物刺激：添加营养物质或改善环境条件，如增加氧气供应、调节酸碱度等，激发土壤微生物的活性，促进污染物的自然降解。

（3）优点与局限性

优点：对环境影响小，成本相对较低，可原位处理，能有效降解有机污染物。局限性：微生物的生长和代谢受环境因素影响较大，处理周期可能较长。

2．植物修复技术

（1）原理

利用水生植物的根系吸收、吸附和富集沉积物中的污染物，同时植物的生长和代谢活动可以改善水体和底泥的生态环境。

（2）常见植物

挺水植物：如芦苇、菖蒲、茭白等，根系发达，可伸入底泥。

浮水植物：如睡莲等，能在水面生长并吸收污染物。

沉水植物：如狐尾藻、苦草等，全株浸没在水中，对水体净化效果显著。

（3）优点与局限性

优点：美化环境，增强生态系统稳定性，具有较好的长期效果。局限性：植物的生长受季节和水质条件限制，处理能力有限。

3．底栖动物修复技术

（1）原理

底栖动物（如螺蛳、河蚌、虾类等）的摄食、挖掘和排泄等活动，能改善底泥的物理结构，促进有机物分解和营养物质循环。

（2）优点与局限性

优点：增加底泥的透气性和孔隙度，提高生态系统的多样性。局限性：底栖动物的生存和繁殖受水质与生态条件影响较大。

4．自然净化技术

（1）原理

依靠水域生态系统自身的物质循环和能量流动过程，如水体的物理沉淀、化学中和、生物降解等，实现沉积物中污染物的自然削减。

（2）方法

保持水库周边的自然生态环境，减少人为干扰，促进生态系统的自我修复。

（3）优点与局限性

优点：成本低，对生态系统干扰最小。局限性：处理速度较慢，适用于污染程度较轻的情况。

5．生态清淤技术

（1）原理

采用环保型的清淤设备和工艺，在清除沉积物的同时，尽量减少对水库生态系统的破坏，并对清淤后的底泥进行合理处置和利用。

（2）方法

1）精确清淤：通过精确测量和定位，只清除污染严重的沉积物区域。

2）环保型清淤设备：如采用环保绞吸船等，减少搅动造成的二次污染。

3）底泥处置：将清淤后的底泥进行无害化处理和资源化利用，如制作土壤改良剂、建筑材料等。

（3）优点与局限性

1）优点：针对性清除污染底泥，有效改善水质，减少污染物对水体生态系统的影响；底泥资源化利用符合可持续发展理念。

2）局限性：成本较高，包括设备购置、清淤作业以及底泥处理等费用；施工过程需要严格管理，对操作人员技术要求高，且清淤过程需做好监测，防止二次污染。

三、沉积物处理设计方案

1．技术选择

综合考虑水库的规模、沉积物特性、水质目标以及经济和环境因素，选择以下沉积物处理技术。

（1）扬水曝气技术

通过在水库中设置扬水曝气装置，增加水体的溶解氧含量，促进沉积物中污染物的氧化分解，抑制内源污染释放。

1）原理：利用机械动力将底层低氧水提升至表层，与空气充分接触，增加溶解氧，同时打破水体分层，增强上下层水体交换，改善水质。

2）优势：能快速提高水体溶解氧水平，操作相对简单，运行成本适中。

（2）生态修复技术

包括种植水生植物（如芦苇、菖蒲等）和投放微生物制剂，构建水生态系统，增强水体自净能力，吸收和转化沉积物中的污染物。

1）水生植物修复：选择具有较强污染物吸收能力和适应水库环境的水生植物品种。芦苇能有效吸收氮、磷等营养物质，菖蒲可去除重金属。通过根系吸收和微生物共生作用，降低沉积物中污染物含量。

2）微生物制剂投放：筛选针对水库主要污染物的高效微生物菌种，如芽孢杆菌、硝化细菌等。微生物通过代谢作用将有机污染物分解为无害物质，改善底泥生态环境。

2．工艺流程

（1）进行水库水质和沉积物的详细监测与分析，确定污染物种类和分布

1）采集水样和沉积物样本，进行化学分析，检测氮、磷、重金属、有机物等污染物的浓度。

2）利用物理手段，如测量水深、流速、水温等，了解水库的水动力条件。

3）评估水库生态系统现状，包括水生生物种类和数量。

（2）安装扬水曝气设备，根据水库的水深和水流情况合理布置曝气点，确保曝气效果均匀

1）确定水曝气设备的型号和数量，考虑水库容积、水深差异和水质改善目标。

2）选择合适的安装位置，通常在水库中心或污染较重区域，避开航运通道和重要水利设施。

3）安装固定装置，确保设备稳定运行，连接电源和控制系统。

（3）在水库适宜区域种植水生植物，形成水生植物群落

1）划分种植区域，根据水深和光照条件选择适宜的水生植物品种。

2）采用移栽或播种的方式进行种植，注意密度和布局，以充分利用水体空间。

3）安装防护设施，防止水生植物被水流冲走或受到人为破坏。

（4）定期投放微生物制剂，补充和优化微生物群落结构

1）根据水质监测结果和微生物代谢特点，确定投放时间和剂量。

2）选择合适的投放方式，如直接泼洒或通过缓释装置投放。

3）监测微生物群落的变化，及时调整投放策略。

四、沉积物处理工程效果监测

沉积物处理工程效果监测是评估治理成效的关键环节，主要涉及水质改善、底泥质量及生态恢复等指标。监测内容包括处理前后沉积物中有机质、重金属及氮磷含量变化，评估污染物的去除效率；同时检测上覆水体的溶解氧、透明度、氮磷浓度等关键水质参数。

生态方面，关注底栖动物群落多样性及水生植物恢复状况。监测过程需建立科学的取样点布设及周期性检测机制，利用数据分析污染物去向及沉积物生态功能的提升，为后续工程优化和长期效果评价提供依据。

案例：洋河水库水质改善及技术改进工程

洋河水库之前是饮用水水源地，但由于受到一定的污染，如今只能作为备用水源地。洋河水库的污染主要源于以下几个方面：周边农业生产中大量施用化肥和农药，雨水冲刷将其带入水库；附近工厂的污水违规排放，含有各类有害物质；随着周边城镇的发展，生活污水排放量增加，且处理不达标；此外，过度的水产养殖和无序的旅游开发也对水库生态造成了破坏。

为了改善这一状况，实施了一系列治理措施。

建立了完善的监测体系，在水库不同区域设置多个监测站点，涵盖进水口、出水口、库心等关键位置。监测指标包括水质指标（如溶解氧、化学需氧量、氮、磷含量、重金属浓度等）、沉积物特性、水生生物指标以及水生态系统指标。在治理前，水库的生态环境恶化，水生生物多样性减少，水华现象时有发生，周边植被也受到影响。

根据工程进展和水库特点，确定合理的监测频率。工程实施初期监测频率较高，如每周或每月一次，随着效果显现和稳定，适当降低为每季度或每半年一次。

监测数据的采集和分析采用先进仪器设备和科学方法，确保数据准确可靠。运用统计学方法和模型对监测数据进行分析，评估处理效果的变化趋势和稳定性。

将监测结果与预期目标对比评估，若未达预期，及时分析原因，可能是技术参数不合理或外部环境变化等。根据评估结果制定改进措施，如调整设备运行参数、优化生态修复措施、加强管理等。

同时，将监测数据与评估结果向相关部门和公众公开，接受社会监督，增加工程透明度和公信力。通过持续的效果监测和反馈调整，不断优化治理措施，水库的生态环境逐渐改善，水生生物种类和数量逐步增加，水质也在不断提升，期望其未来能重新成为优质的饮用水水源地。

五、撰写沉积物处理工程的技术报告

沉积物处理工程技术报告包括背景、目标、技术方案、实施步骤及效果评价等内容。工程背景分析沉积物污染现状及其对水体生态的影响，目标是降低内源污染负荷、改善水质及恢复生态功能。技术方案涵盖清淤与资源化利用、化学稳定化、微生物修复和生态修复等措施。实施步骤包括前期调查、施工阶段、监测与调整及后期管理。效果评价通过监测沉积物中污染物含量变化、水质提升及底栖生物恢复状况，验证工程的生态效益与可持续性，为后续治理提供依据。

秦皇岛洋河水库沉积物处理工程技术报告示例。

1．项目背景

洋河水库位于河北省秦皇岛市抚宁区，建成于 1961 年，曾经是周边地区重要的饮用水水源地。然而，由于近年来周边工农业的快速发展以及不合理的人类活动，洋河水库受到多种污染，水质下降，目前仅作为备用水源地。沉积物中的污染物不断释放，成为影响水库水质改善的关键因素之一，因此开展沉积物处理工程至关重要。

2. 水库概况

洋河水库位于北纬 39°51′，东经 119°15′，水域面积约为 11.0 km²，正常蓄水水位为 41.0 m，总库容约 3.53 亿 m³。水库周边主要有榆关镇、牛头崖镇等多个城镇和村庄，以及农业种植、畜禽养殖、小型工业等产业。

3. 污染状况评估

在开展沉积物处理工程前，于 2022 年春季对洋河水库的沉积物进行了详细的采样和分析。在水库的进水口、库心、出水口等 10 个代表性位置采集了多个样本，通过先进的实验室检测设备和分析方法，得出以下结果：

沉积物中主要污染物包括氮、磷、重金属（如汞含量为 0.25 mg/kg；镉含量为 0.12 mg/kg；铅含量为 18.5 mg/kg 等）以及有机污染物（如多环芳烃含量为 15.8 μg/kg；农药残留等）。这些污染物的含量超出了相关水质标准，其中氮的含量超过标准 30%，磷超过标准 25%，重金属汞超过标准 2 倍，镉超过标准 1.5 倍，铅超过标准 1.8 倍。对水库生态和水质安全构成严重威胁。

4. 处理技术选择

经过综合评估和比较，选择了以下沉积物处理技术。

（1）环保疏浚技术

通过专用的疏浚设备，如 HD380 型环保疏浚船，精确清除水库底部受污染的沉积物。在疏浚过程中，严格控制疏浚深度为 1.5 m，范围为 5 km²，避免对水库生态造成过度破坏。

（2）原位覆盖技术

在疏浚后的区域，采用无污染的材料（如清洁的砂，平均粒径为 0.5 mm；砾石，平均粒径为 2 cm 等）进行覆盖，覆盖厚度为 30 cm，以阻止沉积物中污染物的释放。

（3）生物修复技术

在水库中投放特定的微生物制剂，如芽孢杆菌、光合细菌等，以及水生植物，包括睡莲、菖蒲、狐尾藻等，促进沉积物中污染物的生物降解和转化。

5. 工程效果评估

（1）水质监测

在工程实施后，每月对水库水质进行监测。监测点位包括进水口、出水口、库心等 5 个监测点。结果显示，主要污染物指标（如氮、磷、重金属等）的浓度显著下降，其中氮的浓度降低了 40%，磷降低了 35%，重金属汞降低了 70%，镉降低了 60%，铅降低了 65%，水质得到明显改善。

（2）沉积物分析

对处理后的沉积物于 2023 年秋季再次进行采样分析，在原采样点位置采集新的样本。结果表明，污染物含量大幅降低，氮的含量减少了 0.18 mg/kg，磷减少了 0.08 mg/kg，重金属汞减少了 0.15 mg/kg，镉减少了 0.06 mg/kg，铅减少了 8 mg/kg，达到了预期的处理目标。

（3）生态恢复评估

通过定期的生态调查，观察水库中水生生物的种类和数量变化。发现浮游植物的种类从原来的 20 种增加到 30 种，浮游动物的种类从 15 种增加到 25 种，底栖动物的种类和数量也有显著增加，生物多样性有所增加，生态系统逐渐恢复。

6. 效果

洋河水库沉积物处理工程取得了显著的成效，有效降低了沉积物中污染物的含量，改善了水库水质和生态环境。然而，水库的保护是一个长期的过程，需要持续加强监测和管理，包括建立长期的水质和生态监测体系、加强周边污染源的控制、定期评估处理工程的效果等。同时，还应加强公众环保意识的宣传教育，提高周边居民对水库保护的重视程度，防止污染再次发生，以确保洋河水库能够早日恢复为优质的饮用水水源地。

任务五　水库生态系统综合治理

一、水库生态修复效果评估与建议

1. 水库生态修复评价指标

在水库生态修复过程中，需要建立一套科学的评价指标体系来评估修复成效。以下是一些常用的生态修复成效评价指标。

1）水质指标：包括水体中的溶解氧、氨氮、总磷、总氮等指标，用于评估水体的富营养化程度和水质改善情况。

2）底质指标：包括底泥中的有机质含量、重金属含量等指标，用于评估底泥的环境质量和修复效果。

3）生物指标：包括水生植物种类和数量、鱼类数量等指标，用于评估湖泊生态系统的恢复和生物多样性情况。

4）景观指标：包括湖岸带的植被覆盖率、湿地面积等指标，用于评估湿地和湖泊生态景观的恢复情况。

5）经济指标：包括修复项目的投资成本、水资源利用效率等指标，用于评估修复项目的经济效益。

6）社会效益指标：包括水资源供给、灾害防治、生态旅游收益等指标，用于评估修复项目对社会经济的贡献和效益。

7）生态系统服务指标：包括水库提供的水资源供应、洪水调节、生物多样性保护等指标，用于评估修复项目对生态系统服务的改善。

2. 修复效果评估与改进建议

通过对生态修复成效评估，能及时发现问题，效果达预期就保持并加强管理，不理想就调整策略措施改进优化。

在评估监测的基础上，建立长期生态监测体系，动态监测评估水库生态环境，确保修复效果稳定。同时，修复项目管理维护非常重要，要建立健全制度，确保措施有效实施运行。修复效果评估与改进建议的步骤如下。

1）数据分析与比较：收集修复前后的监测数据，对比不同阶段的水质、生物多样性、景观等指标变化情况，分析修复效果。

2）评估目标达成情况：根据修复项目设定的目标，评估是否达到预期效果，如水质改善、生态系统恢复、生物多样性增加等。

3）发现问题与不足：根据数据分析，发现修复过程中存在的问题和不足，可能包括修复策略不合理、施工过程中的问题、管理措施不到位等。

4）改进建议：针对发现的问题，提出改进措施和优化建议，包括修正修复策略、加强管理措施、增加生态修复工程等。

5）长期监测与持续改进：建立长期的生态监测体系，持续监测修复效果，及时发现问题并加以改进，确保修复效果的稳定性和持续性。

二、水库生态系统总体规划

1．制定水库综合治理总体规划

水库综合治理总体规划以"生态优先、统筹发展"为原则，结合水资源保护、水质改善、生态修复及多功能利用四大目标。规划内容包括水库污染源控制与水质净化工程、生态岸线与湿地修复、洪水调蓄优化及水生态多样性保护等重点任务。实施步骤为现状评估、问题诊断、技术方案制订与分阶段实施。加强动态监测与管理，通过智慧化平台实时掌控水库生态环境变化，提升治理效率。最终实现水库水资源安全、水生态系统健康及可持续发展，为区域经济与生态协调发展提供保障。

（1）水库现状深入调研：地理与水文调研、水质状况评估、沉积物特征分析、生物生态调研、周边污染源排查、社会经济因素分析。

（2）科学合理且全面的综合治理总体规划制定：水质改善规划、生物修复规划、生态恢复规划、水资源综合管理规划、生态监测与预警规划。

2．梳理不同技术的综合应用，协同发挥最大功效

综合应用多种技术需注重协同效应，实现治理效益最大化。例如，结合清淤与原位修复技术，减轻内源污染的同时稳定残余污染物；将生态修复与水质净化技术相结合，通过湿地、植被和微生物协同去除污染物；同时应用智慧监测技术动态评估治理效果，优化实施策略。通过多技术集成，既能高效解决水库污染问题，又可促进生态功能恢复，达到综合治理的最佳效果。

案例：官厅水库系统梳理和精准协调不同修复技术综合应用

1．不同修复技术的特点与适用范围

（1）物理修复技术

底泥疏浚：适用于沉积物污染重、污染物含量高且影响水质区域。通过机械或水力移除底泥，直接减污，效果明显，但工程量大，需专业设备和妥善处置底泥，且疏浚短期可能干扰水库生态，如破坏底栖生物栖息地、导致水体浑浊。

（2）化学修复技术。

化学药剂添加：如用絮凝剂、氧化剂等沉淀、氧化或分解水中污染物，适用于突发严重污染事件，能快速降低污染浓度。但可能带来二次污染，如药剂残留危害，使用时要慎选药剂种类和控制投加量，评估环境风险。

（3）生物修复技术

1）微生物修复：向水体或底泥投放特定微生物菌群，利用代谢分解有机污染物。适用于有机污染治理，针对性强、环境友好、成本低，但受环境条件影响大，活性和效果有不确定性，需根据实际优化调整。

2）水生植物修复：选择吸收和富集污染物能力强的水生植物种植，通过根系吸收氮、磷等及部分重金属，茎叶吸附和拦截悬浮颗粒物和有机物。优点是美化环境，增强生态稳定性和多样性，有自我维持能力，但受季节、水体营养、光照等因素限制，不同植物对污染物的耐受和去除能力有差异，需合理选择和配置植物种类。

2. 根据实际情况选择和组合修复技术

（1）污染严重区域

局部水质严重恶化、底泥污染深且污染物释放风险高，先进行底泥疏浚，疏浚前先调查评估，确定范围深度，过程采用环保设备工艺，减少搅动和二次污染，完成后安全处置底泥，再结合微生物修复和种植水生植物（如芦苇、菖蒲），稳定环境。

（2）入库口及周边区域

入库口及周边规划建设人工湿地系统，根据来水和地形选择湿地类型和植物种类，科学设计面积布局，运行中定期检测维护。

（3）轻度污染区域

污染较轻、生态系统完整区域，优先选择生物修复，投放微生物制剂，种水生植物，定期检测调整。

（4）大面积水域

大面积水域综合运用微生物、水生植物修复和生态调控，定期投放微生物制剂，种植水生植物，调控鱼类，构建健康生态系统。

（5）季节变化的考虑

根据季节特点调整，夏季发挥水生植物作用，冬季增加微生物制剂或选耐寒菌株，针对季节性入库水流污染提前做准备。

3. 技术协同作用的实现与优化

（1）监测与评估体系的建立

建立完善的水质和生态监测体系，包括多站点采样检测，利用多种手段全面监测，分析评估为优化提供依据。

（2）技术协同的调控策略

根据监测结果动态调整技术组合和应用强度，注重技术衔接配合，确保协同高效。

（3）技术创新与改进

关注新技术成果，引入应用，结合实际改进优化现有技术，提升协同水平。

（4）多部门合作与公众参与

水库生态修复涉及多部门，需加强协作，建立协调机制和信息平台，引导公众参与，形成良好氛围。

通过以上措施，发挥技术优势协同作用，为官厅水库生态修复和水质改善提供方案，促进可持续发展。

3. 综合治理工程

在水库生态系统的综合治理工作中，务必严格依照详尽且科学合理、具备高度可行性与前瞻性的规划要求，有条不紊、循序渐进地推动各项治理工程的全面实施。在整个治理进程中，要始终保持高度的警觉性和责任心，将工程质量与进度的把控视为重中之重，不容有丝毫的疏忽和懈怠。

以北京官厅水库的治理为例，在规划制定的初始阶段，就组织了多领域的专家团队，对水库的生态现状展开了深入、细致且全方位的调研和评估。充分考虑了水库周边的地理环境、气候条件、社会经济发展状况以及生态系统所面临的各类压力和挑战，制定出一份涵盖水质改善、水生态修复、流域管理、生态监测与评估等多个方面的综合性治理规划。这份规划不仅明确了短期的治理目标和具体任务，还为长期的可持续发展绘制了清晰的蓝图。

在生态监测与评估方面，建立了完善的监测网络，在水库的不同区域设置了多个监测站点，对水质参数（如 pH、溶解氧、化学需氧量、氮磷含量等）、水文指标（水位、流量、流速等）、生物指标（浮游生物、底栖生物、鱼类种类和数量等）以及周边生态环境（土壤质量、植被覆盖度等）进行定期监测。同时，利用先进的遥感技术和地理信息系统，对水库生态系统的整体变化进行宏观监测和分析。

在评估环节，根据设定的生态指标和标准，定期对监测数据进行综合评估。通过对比不同时期的数据，分析治理措施的效果，及时发现治理过程中的问题和不足。

通过全方位、精细化、科学化的综合治理，北京官厅水库的生态环境得到了显著改善。水库的水质明显提升，达到了相应的水功能区标准；水生生物多样性逐渐恢复，生态系统的结构和功能得以逐步完善和优化；周边的生态景观得到了有效提升，为当地居民提供了优美的休闲娱乐场所，同时促进了区域的经济发展和社会和谐。

4. 建立监测机制，进行监测和维护工作

在生态监测与评估方面，构建了一套全面、系统且高度精密的监测与评估体系。在监测站点的布局上，不仅在水库的入库口、库区中心、出库口以及周边的重要支流等关键位置设置了多个监测站点，还根据水库的地形地貌、水流走向和生态功能分区，在不同水深、水域面积和生态敏感区域增设了细分监测点，以确保监测数据的全面性和代表性。

监测站点布局精心，不仅在关键位置设点，还按地形等增设细分点。水质监测采用先进设备，实时获取多指标，采样后深入分析。水文监测精细，多种仪器结合技术能记录变化、构建模型，先进设备监测底层、中层水流。生物监测多维多层，用专业工具技术全面监测，新技术检测稀有物种，对水生植物组合测量。周边生态环境监测利用遥感等，常态化监测土壤、植被、土地利用和气象。

评估环节有科学体系方法，纵向横向对比，参考先进标准综合评价，涵盖多方面。此治理方法效果显著，水质改善；水生态恢复平衡，生物多样性增加；水生植物生长良好，覆盖面积扩大；水库功能优化，应对灾害更有效；周边环境提升，有利于生态旅游和可持续发展。评估不达标时，组织跨学科专家探讨，涉污染源排查、修复措施调整或外部因素应对。

思考题

1. 假如官厅水库周边要建设一个新的大型工业园区，从上述对官厅水库的调研和规划内容出发，分析这一建设可能会对水库的生态系统服务功能产生哪些潜在的负面影响？应采取哪些措施来减轻这些影响，并确保工业园区的发展与水库的保护相协调？

2. 结合三峡水库生态修复工程的案例，分析在其他类似大型水库开展生物修复时，如何根据当地的污染特点和生态状况选择合适的技术措施。

3. 在水库的水质、底泥和生物多样性调查中，若发现底泥中的重金属含量超标，可能是由哪些原因造成的？

4. 在三峡水库的生态修复中，同时采用微生物降解、有益藻类投放和水生植物种植三种生物修复技术，可能会产生哪些协同作用？

项目六　小贴士

项目七　河口污染修复工程

【学习目标】本项目旨在深入探讨河口生态修复技术，让学生了解河口生态系统的特点、脆弱性和修复方法，认识河口生态修复对海洋环境的重要意义。

【学习任务】在本项目中，学生将学习河口水污染的特点，如何展开调查以及如何针对河口水污染开展治理。了解河口生态修复技术的理论基础和实践应用，掌握常见的河口修复方法，并能分析河口生态修复的可行性。

📁 **任务导入**

河口区域作为河流与海洋的交汇处，承载着重要的生态功能和经济活动，但也是人类活动影响最为显著的区域之一。珠江口和长江口的生态修复案例展示了如何在人口密集和工业活动频繁的背景下实施生态修复，以应对严重的水体污染、生物多样性下降等问题（图 7-1）。

本项目通过五个任务深入研究这两个案例的背景和具体的技术措施以及详细的治理方法（任务一至任务五分别从背景、实地调查、修复措施、综合治理和管理策略展开详细解读），从中汲取经验和智慧，思考如何将其成功的治理和修复模式应用到我们当前面临的相似生态问题中，共同为构建更美好的生态环境而努力。

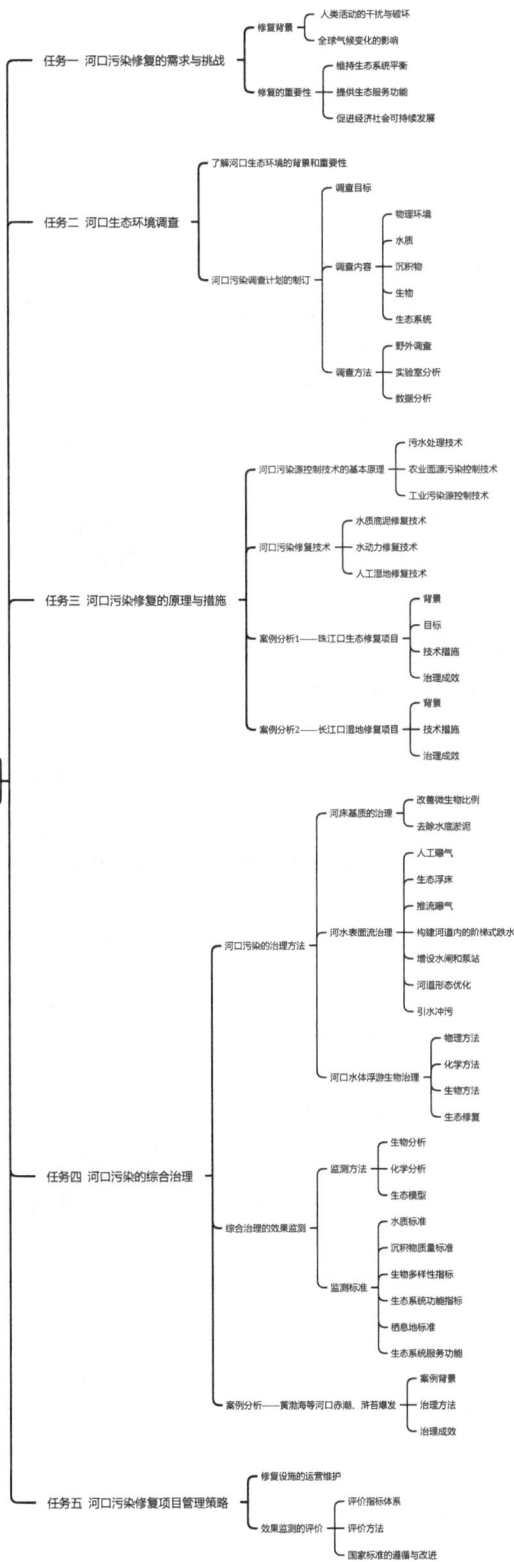

图 7-1　河口污染修复工程思维导图

任务一 河口污染修复的需求与挑战

一、修复背景

1. 人类活动的干扰与破坏

随着城市化和工业化的快速发展，河口地区因其优越的地理位置和丰富的资源，成为人类活动最为集中的区域之一。工厂、城市的建设，以及道路、港口等基础设施的大量兴建，导致河口地区的自然景观和生态系统遭到严重破坏。例如，填海造陆工程直接侵占了河口湿地，破坏了潮间带生态系统；工业废水和生活污水的大量排放，使得河口水质恶化，富营养化现象严重。

与此同时，河口周边地区的农业活动也对河口生态系统产生了重要影响。农药、化肥的过度使用，以及农田排水中携带的氮、磷等营养物质进入河口，加剧了水体的富营养化；河流上游的水利工程建设，如大坝、水库等，改变了河流的自然径流和泥沙输送，影响了河口的水动力条件和泥沙淤积规律。

2. 全球气候变化的影响

海平面上升是全球气候变化的一个重要指标，其观测记录显示，自 20 世纪初以来，全球海平面一直在上升。自然资源部 2023 年发布的《中国海平面公报》显示，1980—2023 年，中国沿海海平面上升速率为 3.5 mm/a；1993—2023 年，上升速率为 4.0 mm/a，高于同时段全球 3.4 mm/a 的平均水平。2023 年，中国沿海海平面较常年高 72 mm，显示海平面上升的趋势仍在继续。

联合国教科文组织在《2024 年海洋状况报告》中指出，海洋变暖速度在 20 年间翻倍，海平面上升速度在 30 年间也翻倍。目前，海洋温度升高要为全球 40%的海平面升高负责，在过去 30 年中，海平面上升速度翻倍，上升高度达 9 cm。

2023 年全球平均海平面达到卫星记录（1993 年以来）的最高值，在过去 10 年中，全球平均海平面的上升速度是卫星记录第一个 10 年（1993—2002 年）的两倍多。这表明，到 2024 年乃至将来，海平面上升的趋势不仅持续存在，而且上升速度在加快。

全球气候变暖导致冰川融化和海水热膨胀，进而引起海平面上升。河口地区地势低平，是受海平面上升影响最为显著的区域之一。海平面上升不仅会淹没河口湿地和沿海低地，还会改变河口的盐度分布和潮汐规律，对河口生态系统的结构和功能产生深远影响。

全球气候变化导致极端天气事件（如暴雨、洪涝、干旱、飓风等）的发生频率和强度增加。这些极端天气事件会对河口生态系统造成严重的破坏，如暴雨和洪涝灾害会导致河流径流量急剧增加，引发河口洪水泛滥，冲毁河岸植被和栖息地；干旱则会导致河口水位下降，影响水生生物的生存和繁殖。

二、修复的重要性

1. 维持生态系统平衡

河口是许多珍稀濒危物种的栖息地和繁殖地，也是许多候鸟迁徙的重要驿站。例如，长江口是中华鲟、江豚等国家重点保护动物的重要栖息地；珠江口是黑脸琵鹭、白海豚等珍稀物种的生存家园。通过河口生态修复，可以恢复和保护河口的生物栖息地，为生物多样性的保护提供重要保障。

河口生态系统中的生产者、消费者和分解者之间通过食物链与食物网相互联系、相互制约，形成了一个相对稳定的生态系统。河口生态修复有助于维持食物链和食物网的完整性，确保能量流动和物质循环的正常进行，从而维持生态系统的平衡与稳定。

2. 提供生态服务功能

河口湿地具有强大的水质净化功能，能够通过物理、化学和生物过程，去除水体中的污染物和营养物质，如氮、磷、重金属等。通过修复河口湿地和水生植被，可以提高河口的水质净化能力，改善河口水环境质量。

河口地区的湿地、植被和水体能够吸收和储存大量的二氧化碳等温室气体，对缓解全球气候变化具有重要作用。此外，河口地区的水分蒸发和植物蒸腾作用还可以调节局部气候，增加空气湿度，降低气温，减轻城市热岛效应。

3. 促进经济社会可持续发展

河口是许多经济鱼类的产卵场、育幼场和索饵场，渔业资源丰富。通过河口生态修复，可以恢复和改善河口的渔业生态环境，提高渔业资源的数量和质量，促进渔业的可持续发展。例如，长江口和珠江口的渔业资源对于当地的渔业经济和渔民的生计至关重要。

河口地区独特的自然景观和丰富的生态资源，为旅游业的发展提供了重要的基础。通过河口生态修复，可以打造更加优美的生态景观，吸引更多的游客前来观光、休闲和度假，促进当地旅游业的发展，增加旅游收入。例如，上海崇明东滩湿地、深圳福田红树林自然保护区等，都已成为著名的旅游景点。

河口地区经常受到台风、风暴潮、洪涝等自然灾害的威胁。通过修复河口的生态系统，如恢复红树林、海草床等植被，可以增强河口的抗灾能力，减轻自然灾害对人类生命财产和经济社会发展的影响。

任务二　河口生态环境调查

一、了解河口生态环境的背景和重要性

1. 背景

河口是河流与海洋相互作用的区域，具有独特的生态环境和重要的生态功能，其通常是一个半封闭的区域，受到淡水和海水的交互影响，水动力条件复杂，包括潮汐、潮流、径流等。由于淡水和海水的混合，盐度梯度明显，同时接纳了来自陆地的大量污染物和营养物质。河口是许多生物的栖息地和繁殖地，既有淡水生物，也有海洋生物，形成了丰富的生态系统。

2. 重要性

以珠江口为例，其生态环境的重要性体现在以下几个方面。

1）经济发展支撑：珠江口周边是我国经济最发达的地区之一，拥有众多港口和重要

的航运通道，对区域经济发展起着关键的支撑作用。

2）渔业资源：是众多鱼类、贝类等水生生物的产卵场、育幼场和索饵场，为渔业生产提供了重要的资源基础。

3）生态平衡维护：在物质循环和能量流动方面发挥着重要作用，有助于维持生态系统的平衡和稳定。

4）蓄水调洪：具有蓄水、泄洪的功能，能够减轻洪水对周边地区的影响。

5）旅游与文化价值：独特的自然景观和生态环境吸引了大量游客，也是当地文化传承的重要载体。

然而，随着经济的快速发展和人类活动的加剧，珠江口面临着一系列生态环境问题，如水质污染、生物多样性减少、湿地破坏等。因此，加强对珠江口生态环境的保护和治理至关重要，以实现经济发展与生态保护的平衡和可持续。

二、河口污染调查计划的制订

1. 调查目标

1）全面了解河口地区的水质、沉积物质量、生物多样性、生态系统结构与功能等生态环境状况。

2）分析人类活动和自然因素对河口生态环境的影响。

3）评估河口生态系统的健康状况和生态服务功能。

2. 调查内容

（1）物理环境

地形地貌：利用遥感影像、地形图等资料，结合实地测量，了解河口地区的地形、地势、岸线特征等。

水动力条件：监测河口地区的潮流、流速、流向、水位、波浪等水动力参数，分析水动力变化规律。

气象条件：收集河口地区的气温、降水、风速、风向、日照等气象数据，了解气象条件对河口生态环境的影响。

（2）水质

常规水质参数：定期监测水温、盐度、pH、溶解氧（DO）、化学需氧量（COD）、五日生化需氧量（BOD_5）、氨氮（$NH_3\text{-}N$）、总氮（TN）、总磷（TP）等水质参数。

重金属：检测河口水体中汞（Hg）、镉（Cd）、铅（Pb）、铬（Cr）、砷（As）等重（类）金属的含量。

有机污染物：分析多环芳烃（PAHs）、多氯联苯（PCBs）、农药、石油类等有机污染物的浓度。

（3）沉积物

沉积物粒度：分析沉积物的粒度组成，了解沉积物的来源和输运特征。

沉积物质量：检测沉积物中重金属、有机污染物、营养盐等的含量，评估沉积物污染状况。

（4）生物

浮游植物：定期采集水样，鉴定和计数浮游植物的种类与数量，分析浮游植物的群落结构和多样性。

浮游动物：采集水样，鉴定和计数浮游动物的种类与数量，分析浮游动物的群落结构和多样性。

底栖生物：采集底泥样品，鉴定和计数底栖生物的种类与数量，分析底栖生物的群落结构和多样性。

游泳生物：采用拖网、刺网等渔具进行捕捞调查，鉴定和计数游泳生物的种类与数量，分析游泳生物的群落结构和多样性。

珍稀濒危物种：调查河口地区珍稀濒危物种（如中华鲟、江豚、黑脸琵鹭等）的分布、数量和栖息地状况。

（5）生态系统

湿地生态系统：调查河口湿地的类型、面积、分布，植被类型和覆盖度，湿地鸟类的种类和数量等，评估湿地生态系统的功能和健康状况。

红树林生态系统：调查红树林的分布范围、面积、树种组成、林龄结构、群落密度等，评估红树林生态系统的健康状况和生态服务功能。

海草床生态系统：调查海草床的分布范围、面积、种类组成、盖度、生物量等，评估海草床生态系统的健康状况和生态服务功能。

3. 调查方法

（1）野外调查

站位布设：根据河口的地形地貌、水动力条件、生态功能分区等因素，合理布设水质、沉积物、生物等调查站位，确保调查结果具有代表性。

样品采集：按照国家相关标准和规范，采集水样、沉积物样品、生物样品等，记录采样时间、地点、深度、经纬度等信息。

现场观测：在调查站位进行现场观测，记录水色、透明度、气味、底质类型等物理特征，以及生物的活动情况、栖息地状况等。

（2）实验室分析

水质分析：采用分光光度法、滴定法、电极法等方法，分析水质参数；采用原子吸收光谱法、原子荧光光谱法、电感耦合等离子体质谱法等方法，检测重金属含量；采用气相色谱法、液相色谱法等方法，分析有机污染物的浓度。

沉积物分析：采用筛分法、激光粒度分析法等方法，分析沉积物粒度；采用原子吸收光谱法、原子荧光光谱法、电感耦合等离子体质谱法等方法，检测沉积物中重金属含量；采用气相色谱法、液相色谱法等方法，分析沉积物中有机污染物的浓度；采用凯氏定氮法、钼锑抗分光光度法等方法，分析沉积物中营养盐含量。

生物分析：采用显微镜观察、分子生物学技术等方法，鉴定和计数浮游植物、浮游动物、底栖生物、游泳生物的种类和数量；采用标志重捕法、样方法等方法，调查珍稀濒危物种的分布和数量。

（3）数据分析

数据整理：对野外调查和实验室分析获得的数据进行整理与校对，确保数据的准确性和完整性。

数据分析：采用统计学方法、生态学方法等，对调查数据进行分析，包括描述性统计分析、相关性分析、主成分分析、聚类分析等，揭示河口生态环境的现状、变化趋势和内在规律。

结果评价：根据调查数据和分析结果，参照国家相关标准和规范，对河口生态环境质量进行评价，评估河口生态系统的健康状况和生态服务功能。

任务三　河口污染修复的原理与措施

一、河口污染源控制技术的基本原理

1. 污水处理技术

物理处理原理：通过物理方法，如格栅、沉淀、过滤等，去除污水中的悬浮物、大颗粒污染物和部分油脂等。格栅可拦截较大的固体杂物；沉淀利用重力作用使较重的颗粒物质沉降；过滤则通过滤料的截留作用去除水中的微小颗粒。

化学处理原理：向污水中投加化学药剂，通过化学反应使污染物转化为沉淀、气体或无害物质。例如，通过加药混凝使胶体和细微悬浮物凝聚成较大颗粒以便沉淀去除；化学氧化法则利用强氧化剂（如臭氧、过氧化氢等）将有机物氧化分解。

生物处理原理：利用微生物的新陈代谢作用，将污水中的有机污染物分解转化为二氧化碳、水和微生物细胞物质等。常见的有活性污泥法，是使微生物群体在曝气池内呈悬浮状态并与污水充分接触，利用微生物分解有机物；生物膜法是使微生物在载体表面形成生物膜，污水流经时，污染物被生物膜上的微生物摄取、代谢转化。

2. 农业面源污染控制技术

生态沟渠技术原理：在农田排水渠道中构建植物、土壤和微生物系统。植物吸收氮、磷等营养物质；土壤吸附和过滤污染物；微生物对有机物进行分解转化，从而减少随农田排水进入河口的污染物。

农田最佳管理措施原理：通过合理的农田耕作、施肥、灌溉方式的优化，减少肥料和农药的施用量和流失量。例如，精准施肥技术根据作物的需求和土壤肥力状况精确施肥，避免过量施肥导致的养分流失；保护性耕作通过减少土壤扰动、增加地表覆盖等方式，降低水土流失和养分流失风险。

3. 工业污染源控制技术

清洁生产技术原理：通过改进生产工艺、优化生产流程、使用清洁能源和原材料等方式，从源头减少污染物的产生。例如，采用先进的生产工艺可以降低原材料的消耗和污染物的排放；使用环保型原材料可以避免或减少有毒有害物质的使用和排放。

末端治理技术原理：在工业生产过程的末端，对产生的污染物进行处理和净化。例如，废气处理中的吸附、吸收、催化燃烧等技术，分别利用吸附剂的吸附作用、吸收剂的吸收作用以及催化剂促进燃烧反应，将废气中的污染物转化或去除；废水处理中的膜分离技术，利用膜的选择透过性，实现污染物与水的分离。

二、河口污染修复技术

1．水质底泥修复技术

（1）物理方法

清塘挖淤：在冬季或早春等生产闲季，排干池水后清理淤泥，可使用冲洗法或采用清淤机械，如船式清淤机和潜水式清淤机。合适的底泥厚度有助于维持良好水质，如鲢、鳙池底泥厚度宜在 20～40 cm，草、鲂、鲤鱼池底泥以 0～15 cm 为宜。定期清除一定厚度的底泥，经过冰冻日晒，可促进有机物质分解，消灭病原体等有害生物。此外，池塘底经过修整加固、堵塞漏洞、维修闸门和铲除杂草等工作后，也有利于改善底质。

搅动塘底：经常搅动塘底，翻松淤泥并使池水上下混合，能促进池塘底部有机质分解，重新释放泥底中沉积的营养盐类，恢复营养物质在池塘上下水层的均衡分布，促进浮游生物生长繁殖，防止池底老化；也可通过开增氧机曝气来改善底部环境，减缓黑化过程。

（2）化学方法

生石灰清塘：生石灰遇水后发生化学反应，可放出大量热能，中和淤泥中的各种有机酸，改变酸性环境，起到除害杀菌、施肥、改善底质和水质的作用。可干池清塘或带水清塘，但在池水和底质中钙离子浓度较大、碱度较高或有机质贫乏的养殖塘，需合理施用。

化学复合型底质改良剂：如主要成分为过氧化钙（CaO_2）的白色颗粒状"底层水质改良剂"，能迅速增氧，促进硝化作用，降低水中氨氮、亚硝酸盐、硫化物的含量，补充生物生长所需的钙，并使底质疏松透气，利于有机质完全分解。还有新型亚硝酸根离子去除剂及其盐类，可用作池塘土壤改良剂、底质改良剂及底质活化剂，能降解亚硝酸态氮及氨态氮，螯合有机物，消除池水及池底重金属离子的污染。

（3）生物方法

移植底栖生物：在老化污染虾池中移植沙蚕、红线虫等底栖生物，培育成优势种群，它们可摄食残饵、粪便及其他生物尸体和有机碎屑，减缓底部有机物累积。

微生物制剂：光合细菌可在光线微弱、有机物和硫化氢丰富的池底繁衍，利用这些物质建造自身，又能被其他动物捕食，构成养殖塘物质循环和食物链的重要环节，在池底污染严重或水质不良又不能换水的封闭式养殖塘中作用明显。复合型微生物底质改良剂能发挥各菌种的协同作用，及时分解消除残饵、排泄物、动植物尸体等，改善底质和水质，控制病原微生物及其病害蔓延扩散。

（4）其他方法

合理控制施肥、投饵等饲养管理措施，减少淤泥沉积速度。例如，看水施肥，避免过量；按照生态互补原则合理混养、密养；根据季节、气候、生长情况和水环境变化灵活掌握投饲量；在饲料中添加诱食剂、促长剂等，增强水产动物食欲，促进饲料营养吸收转化，降低饵料系数。及时捞出过多或死亡的水草，以防腐烂变质。有条件的可向黑化区域泼洒炼铁炉渣，延缓黑化过程并降低危害。另外，干池期较长时，可考虑进行水产养殖和农作物轮作，使淤泥充分干透，促进有机物矿化分解，改良池底，同时获得农作物的经济价值，其生长的青绿作物和牧草还可作为池塘绿肥和鱼类饲料。

以珠江口为例，其周边地区经济发达，河网密集。在进行水质底泥修复时，需根据当地的具体情况选择合适的技术或综合运用多种技术。例如，珠江水利委员会推荐的城市河流低水位运行污染底泥修复技术已在广州市 100 多条河涌进行推广应用，该技术通过改善河道环境条件、营造多元生境，来解决城市河道底泥污染问题。

另外，广东省科学院微生物研究所研发的黑臭底泥修复技术通过了验收。该技术发明了一种修复黑臭河道底泥的环保型硝酸钙缓释颗粒，其原理是充分发挥原位微生物功能调控，通过缓释电子受体，激发修复对象的原生微生物的功能活性，加速底泥硫化物和有机污染物的氧化，达到消除黑臭的效果。此技术在佛山市胜塘涌开展的工程示范中取得了良好效果，能有效消除底泥，恢复河道生态功能，并大幅降低工程成本，目前该技术已在东莞市大窝洲涌和东泊涌通过中试，获得业主认可，将在北海仔流域黑臭水体治理中推广应用。

同时，随着科技的不断发展，新的修复技术也在不断涌现，相关部门与研究机构会持续探索和创新更有效的水质底泥修复方法。在实际应用中，还需结合当地的环境条件、污染程度、经济成本等因素，制订科学合理的修复方案。

2. 水动力修复技术

水动力修复技术是一种通过改善水体的流动状态来修复受污染水体或恢复生态系统功能的方法。表 7-1 是一些常见的水动力修复技术。

表 7-1　水动力修复技术统计

修复方式	修复原理
河道疏浚与拓宽	通过清理河道中的淤泥、杂物和障碍物，拓宽河道狭窄段，增加河道的过水断面，提高水流速度和流量，增强水体的自净能力和运输能力
人工造流	利用水泵、水车、推流器等设备，在水体中人为地制造水流，促进水体的混合和交换，避免死水区域的形成，提高溶解氧水平，加速污染物的扩散和降解
闸坝调控	合理调节水闸、大坝的开度和运行方式，控制水体的水位和流量，形成有利于生态修复的水动力条件。例如，在枯水期适当放水增加流量，以改善水质和水生态
引清调度	从水质较好的水源地引水进入受污染水体，增加水体的流动性和新鲜水量，稀释污染物浓度，改善水质
构建水系连通	打通断头河、恢复被填埋的河道，建立相互连通的水系网络，促进水体的循环和交换，提高整个水系的生态功能
生态护岸	采用生态友好型的护岸材料和设计，如植物护坡、石笼护岸等，不仅能够稳固河岸，还能增加水体与河岸的物质交换和能量交换，改善水动力条件

水动力修复技术通常与其他水质净化和生态修复技术结合使用，以实现更有效的水体修复效果。在实际应用中，需要根据水体的具体情况和修复目标，进行科学的规划和设计。

3. 人工湿地修复技术

（1）技术原理

主要通过模拟自然湿地的结构和功能，利用土壤、植物、微生物等自然要素的协同作用来实现生态修复。具体如下：

1）物理作用：通过沉淀、过滤和吸附等方式去除污水中的悬浮物及部分有机物。例如，污水中的泥沙等颗粒物质在流经人工湿地时，会因重力作用沉淀下来；湿地中的土壤和填料可以吸附一些有害物质。

2）化学作用：通过一些化学反应，如氧化还原反应、离子交换等，从而去除或转化污染物。例如，某些金属离子可以与湿地中的土壤颗粒发生离子交换反应而被固定。

3）生物作用。

植物吸收：湿地中的植物可以吸收污水中的氮、磷等营养物质，用于自身生长发育。不同的植物对不同污染物的吸收能力有所不同，如芦苇对氮的吸收能力较强，香蒲对磷的吸收效果较好。

微生物降解：湿地中的微生物可以分解有机污染物，将其转化为无害的物质。微生物群落丰富多样，包括细菌、真菌等，它们在湿地的不同区域发挥着特定的降解作用。

（2）技术构成

1）基质：一般由土壤、砂、砾石等组成，为植物生长提供支撑，同时起到过滤和吸附污染物的作用。不同的基质材料对污染物的去除效果有所差异，可以根据实际需要进行选择和组合。

2）植物：选择适应湿地环境、具有较强生态修复功能的植物种类。常见的湿地植物有芦苇、菖蒲、香蒲、美人蕉等。这些植物不仅能够吸收污染物，还能为微生物提供生长附着的场所，增加湿地的生态稳定性。

3）水体：人工湿地中的水是生态修复的对象，也是维持湿地生态系统运转的重要因素。水体的流动方式可以是表面流、潜流或垂直流，不同的流态对污染物的去除效果和湿地的运行管理有一定影响。

（3）应用优势

1）生态友好：与传统的污水处理技术相比，人工湿地修复技术更加接近自然生态系统，对环境的影响较小。它能够在修复生态环境的同时，为野生动植物提供栖息地，增加生物多样性。

2）成本低廉：建设和运行成本相对较低。主要的建设材料（如土壤、植物等）丰富，容易获取。而且，人工湿地的运行维护相对简单，不需要大量的能源消耗和专业人员操作。

3）美观实用：可以与景观设计相结合，打造出具有生态功能的美丽景观。例如，在城市公园、住宅小区等地建设人工湿地，既可以改善环境质量，又能为人们提供休闲娱乐的场所。

（4）应用范围

1）污水处理：对生活污水、工业废水等进行深度处理，使其达到排放标准或回用要求。尤其适用于中小规模的污水处理，以及对水质要求较高的生态敏感区域。

2）生态修复：用于修复受损的河流、湖泊、湿地等生态系统。通过构建人工湿地，可以改善水体质量，恢复水生生物群落，提高生态系统的稳定性和服务功能。

3）雨水处理：对雨水进行收集和处理，减少面源污染，缓解城市排水压力。人工湿地可以作为雨水花园、生态滞留池等雨水处理设施的重要组成部分，实现雨水的自然净化和回用。

三、案例分析1——珠江口生态修复项目

1. 背景

根据广东省生态环境部门监测的数据，近年来全省近岸海域水质虽持续改善，但仍存在部分劣四类海域，主要分布在珠江口、湛江港和汕头港等河口海湾，主要污染指标为无机氮和活性磷酸盐。

为了改善珠江口的生态环境，广东省于 2022 年年中印发了《珠江口邻近海域综合治理攻坚实施方案》，正式打响珠江口生态环境综合治理攻坚战。该方案将广州、深圳、珠海、东莞、中山、江门 6 个环珠江口地市的陆域及毗邻海域确定为核心区，将省内珠江流域上游的佛山、韶关、河源、惠州、肇庆、清远、云浮 7 市的陆域确定为拓展区，重点落实水质目标相关要求。

2．目标

广东省印发的《珠江口邻近海域综合治理攻坚实施方案》明确了以下治理目标：

到 2025 年，珠江口海域水质优良（一、二类水质）面积比例要达到 73%，其中陆源主要污染物入海量持续降低，主要河流入海断面全面消除劣 V 类水体。基本建成大鹏湾、情侣路岸段、镇海湾等 3 个具有全国示范价值的美丽海湾，交椅湾、东澳湾美丽海湾建设取得明显进展。

为实现这些目标，该方案提出了十项行动任务，包括入海排污口排查整治、入海河流水质改善、海水养殖环境整治、推进船舶水污染物和渔港环境治理、开展沿海农业农村污染治理行动、加强海洋环境风险防范和应急监管能力建设等。同时，方案还强调了各项任务的具体要求和实施步骤，以确保珠江口生态环境得到有效治理和改善。

3．技术措施

珠江口生态修复措施见表 7-2。

表 7-2　珠江口生态修复措施

技术/措施名称	具体内容
水质改善技术	污水处理升级：加强周边城市和工业的污水处理设施，提高污水处理标准，减少污水排放中的污染物。
	河流生态修复：通过建设人工湿地、生态河道等措施，对流入珠江口的河流进行生态修复，增强其自净能力。
	底泥疏浚与治理：清除珠江口底部受污染的底泥，减少内源污染释放
生物多样性保护与恢复	海洋牧场建设：投放人工鱼礁，种植海草床，增殖放流适合当地生态的海洋生物，促进渔业资源恢复和生物多样性增加。
	湿地保护与恢复：保护和恢复珠江口周边的湿地，为候鸟等生物提供栖息地。
	濒危物种保护：加强对珠江口濒危物种（如中华白海豚等）的监测和保护
生态岸线修复	海岸带植被恢复：种植红树林等海岸植被，稳定海岸线，减轻海浪侵蚀，同时提供生物栖息地。
	人工沙滩修复：对于受损的沙滩，进行人工补沙和修复，恢复沙滩生态功能
海洋监测与管理	建立海洋监测网络：实时监测水质、海洋生态、气象等参数，及时发现问题并采取措施。
	加强执法监管：严厉打击非法捕捞、排污、填海等破坏生态的行为
生态补偿机制	建立流域生态补偿制度：让受益地区对上游的生态保护付出进行补偿，促进全流域的共同保护
科学研究与技术创新	开展生态系统研究：深入了解珠江口生态系统的结构和功能，为修复治理提供科学依据。
	应用新技术：如利用生物技术治理污染、智能化监测设备等
公众教育与参与	开展环保宣传活动：提高公众对珠江口生态保护的意识，鼓励公众参与环保行动。
	推动志愿者活动：组织志愿者参与生态监测、垃圾清理等活动

4．治理成效

广东省针对珠江口邻近海域的水污染治理实施了一系列措施，并取得了显著成效。根据 2024 年 7 月 11 日发布的《中国的海洋生态环境保护》白皮书，珠江口综合治理攻坚战海域 2023 年水质优良（一、二类）面积比例为 67.5%，较 2020 年提升了 8.8 个百分点。

1）明确责任主体：在 2023 年底前全面查清了入海排污口，并逐一明确责任主体，实行动态分类监管，为后续整治工作奠定了基础。截至 2025 年底前，基本完成了珠江口海域入海排污口整治。

2）改善入海河流水质：通过推进入海总氮削减，鼓励相关城市以特定污水处理厂为重点实施污水处理提质增效工程，加强总氮浓度和通量监测核算，确保跨市断面总氮浓度达到目标要求。同时，持续巩固已达标河流入海断面的治理成效，加强重点河流综合治理，强化总氮排放重点行业污染控制，全面推行排污许可"一证式"管理。

3）治理养殖污染：2023 年底前出台了《广东省水产养殖尾水排放标准》，逐步开展工厂化养殖尾水执法监测。至 2025 年底前，沿海各地市初步形成对主要工厂化海水养殖尾水监测能力，加大了执法监测力度。例如，中山市南朗街道通过"三池两坝"尾水治理模式改善了数千亩鱼塘的尾水水质，减少了污染物排放，鱼塘边的河涌水质得到明显改善，从农业面源上减少了对河涌的污染。

此外，在一些具体区域也有明显的治理成果。例如，曾遭受砷污染的阳宗海通过实施减污降砷行动、加强面源污染治理等措施，水质恢复到Ⅲ类，沿湖村庄污水收集率达 90%；广西桂平市通过整治工业企业，解决了水污染防治问题，江边水质变好，吸引了众多市民前来游泳、钓鱼；曾是污染典型的茅洲河，经广东全面开展三角洲河网及周边流域排污口"查、测、溯、治"等工作后，其治水难题得到改善，珠三角河涌治理取得突出成绩。

这些治理措施的实施，使得珠江口海域的生态环境质量得到了提升，水质得到改善，海洋生态系统逐渐恢复健康，同时促进了沿海地区的可持续发展。但水污染治理是一个长期的过程，仍需持续努力和不断完善相关措施。

四、案例分析2——长江口湿地修复项目

1．背景

长江口湿地（上海崇明东滩鸟类国家级自然保护区）生态地位重要，是众多珍稀鸟类的栖息地。然而，随着经济发展和人类活动的增加，长江口的生态环境面临一定压力。为了保护鸟类栖息地和生态系统的稳定，建设了人工湿地。

2．技术措施

在长江口人工湿地中用到的技术包括漂浮人工湿地技术（也称人工浮岛、生物浮床技术）。其主要原理是利用漂浮材料作为基质和载体，种植高等水生植物或陆生植物。

例如，采用水面种植挺水植物芦苇+水下吊养沉水植物狐尾藻的方式。这样既可以起到净化水体的作用，还可为水生动物提供遮蔽场所；植物根系和沉水植物上附生的藻类、底栖动物、水生昆虫及幼体等，也可为仔稚幼鱼等提供索饵育幼的场所。

此外，相关研究中还构建过芦苇三维人工漂浮湿地，其单元呈三明治结构，主要由框架、竹片夹、网片、填料、植物、轮胎和泡沫等部分组成。轮胎用于减小台风等外界因素带来的冲击力，泡沫则起到增加浮力的作用。

这些技术的应用有助于对受损栖息地进行生态修复，改善局部水域的生态环境，增加水生生物的栖息密度和物种种类，对于保护长江口的生态功能和生物多样性具有重要意义。

同时，在人工湿地水质净化工程中，还可能涉及一些其他的技术和方法。

准确定位：明确人工湿地水质净化工程只承担达标排放的污水处理厂出水等低污染水的水质改善任务。

因地制宜：根据当地实际情况开展工艺设计，利用坑塘、洼地、荒地等便于利用的土地和城镇绿化带、边角地等进行建设。

选择合适的植物：优先选择本土物种，注重植物的选择及应用配置，以更好地发挥其生态功能。

3．治理成效

鸟类数量增加：吸引了大量珍稀鸟类前来栖息，如白头鹤、黑脸琵鹭等。鸟类的种类和数量都有了显著提升。

生态环境改善：有效改善了长江口的生态环境，提高了水质，保护了生物多样性。

社会影响力提升：通过科普教育活动，提高了公众对湿地保护和生态环境保护的意识。

任务四　河口污染的综合治理

一、河口污染的治理方法

1．河床基质的治理

（1）改善微生物比例

微生物引入：通过向河床基质中引入特定的有益微生物种群，如能够分解有机污染物的细菌、真菌等，以增加有益微生物的比例。这可以通过投放微生物制剂或利用生物膜载体来实现。

创造适宜环境：为微生物的生长和繁殖提供有利条件，如控制河床的溶解氧含量、温度、pH等环境参数，使其适应有益微生物的生存和代谢需求。

提供营养物质：添加适量的氮、磷等营养元素，以促进有益微生物的生长，但要注意避免过度添加导致水体富营养化。

生物刺激：使用一些生物刺激剂，如低分子量有机酸、酶等，来激活土著微生物的活性，增强它们对污染物的降解能力。

（2）去除水底淤泥

机械清淤：使用挖泥船、吸泥泵等机械设备直接将水底淤泥挖掘并抽取出来。这种方法适用于大面积、深度较大的淤泥清理。

水力冲淤：利用高压水枪或水流冲击淤泥，使其悬浮并被水流带走，然后通过管道输送到指定地点进行处理。

环保疏浚：采用专门的环保疏浚设备，能够精确控制疏浚深度和范围，减少对底栖生态系统的破坏，并对疏浚出的淤泥进行妥善处理和处置。

原位处理：对于一些难以进行大规模清淤的区域，可以采用原位处理技术，如向淤泥中添加化学药剂（如氧化剂、固化剂等）来稳定或降解污染物，或者通过电渗析、微生物修复等方法改善淤泥质量。

在实施这些治理方法时，需要充分考虑当地的生态环境、水质状况以及治理目标，同时要遵循相关的环保法规和标准，以确保治理效果的可持续性和生态安全性。

2．河水表面流治理

以下是一些通过促进水体交换、减少污染物堆积来治理河水表面流的技术。

表 7-3　河水表面流修复技术措施

技术名称	具体方法
人工曝气	通过向水体中注入空气或氧气，增加水体的溶解氧含量，促进污染物的氧化分解，同时加强水体的上下混合和交换
生态浮床	在河面上设置浮床，种植水生植物，植物根系可以吸收部分污染物，同时其生长过程中的扰动有助于水体交换
推流曝气	安装推流设备，如推流器、曝气机等，推动水体流动，加快水体交换速度，减少局部污染物堆积
构建河道内的阶梯式跌水	人为制造落差，使河水形成跌水，增加水体与空气的接触，提高溶氧，促进水体交换
增设水闸和泵站	对河道进行适当的拓宽、弯曲度调整等改造，改善水流形态，增加水动力条件，促进水体交换
河道形态优化	对河道进行适当的拓宽、弯曲度调整等改造，改善水流形态，增加水动力条件，促进水体交换
引水冲污	从外部引入清洁的水源，对污染河段进行冲洗和稀释，促进污染物的扩散和转移

这些技术的应用需要根据河流的具体情况进行选择和组合，以达到最佳的治理效果。

3．河口水体浮游生物治理

（1）物理方法

过滤：使用滤网或过滤器去除较大型的浮游生物。

换水：引入清洁的新水，稀释浮游生物的密度。

（2）化学方法

药物控制：使用特定的化学药剂，如硫酸铜等，但需谨慎使用，以避免对水体生态造成不良影响。

（3）生物方法

投放鱼类：投放以浮游生物为食的鱼类，如鲢鱼、鳙鱼等，控制浮游生物的数量。

种植水生植物：如荷花、睡莲等，它们可以吸收水中的营养物质，竞争浮游生物的生存空间，从而抑制其生长。

引入有益微生物：如芽孢杆菌、光合细菌等，它们能够分解有机物，改善水质，间接抑制浮游生物的繁殖。

（4）生态修复

改善水体生态环境：增加水体的溶解氧含量，调节水体的 pH 和营养盐平衡。

恢复河岸植被：有助于减少水土流失带来的营养物质输入，稳定水体生态。

（5）加强监测和管理

定期监测水质和浮游生物的种类、数量变化，及时发现问题并采取相应措施。

控制污染源：减少污水排放，防止农业面源污染，降低水体中的营养盐含量。

二、综合治理的效果监测

1. 监测方法

（1）生物分析

定期调查河口区域的动植物物种丰富度、均匀度和优势度。可以通过样方法、样带法等对底栖生物、鱼类、鸟类等进行监测；关注对环境变化敏感的指示物种，如某些珍稀濒危物种、特有物种或具有重要生态功能的物种（如关键的初级生产者、顶级消费者）的种群数量、分布范围和生存状况；测量河口生态系统中主要生物类群（如浮游植物、浮游动物、底栖生物、水草等）的生物量变化。

研究不同生物群落（如浮游生物群落、底栖生物群落、鱼类群落等）的组成和结构变化，包括物种组成、年龄结构和性别比例等。

（2）化学分析

定期检测河口水体的物理、化学参数，如水温、pH、溶解氧（DO）、化学需氧量（COD）、氮（氨氮、硝态氮、总氮）、磷（磷酸盐、总磷）、重金属含量等。

检测河口沉积物中的污染物含量、营养盐水平、粒度分布、有机碳含量等，评估沉积物质量的变化。

通过化学指纹分析等技术，确定污染物的来源和迁移路径。

（3）生态模型

食物网模型：构建河口区域的食物网模型，模拟生态系统中能量流动和物质循环过程，评估生态修复对食物链结构和功能的影响。

生态系统动力学模型：利用数学模型描述河口生态系统中生物与环境之间的相互作用，预测生态修复措施实施后的系统响应。

栖息地适宜性模型：基于地理信息系统（GIS）和相关生态参数，建立物种栖息地适宜性模型，评估修复后栖息地质量的改善情况。

2. 监测标准

（1）水质标准

《地表水环境质量标准》（GB 3838—2002）：规定了不同功能水域的水质要求，包括物理、化学和生物指标，如水温、pH、溶解氧、化学需氧量、氨氮、总磷、重金属等。

（2）沉积物质量标准

《海洋沉积物质量》（GB 18668—2002）：明确了海洋沉积物中各类污染物（如重金属、有机污染物等）的限值。

（3）生物多样性指标

物种丰富度：修复后区域的物种数量应有所增加或至少保持稳定。

珍稀濒危物种保护状况：重点保护物种的种群数量和栖息地范围得到改善。

（4）生态系统功能指标

初级生产力：如浮游植物的生产力应达到或接近健康河口生态系统的水平。

食物网结构完整性：各级消费者的种类和数量比例合理，能量传递效率正常。

（5）栖息地标准

栖息地面积和质量：湿地、红树林等重要栖息地的面积有所扩大，生境质量得到提升。

（6）生态系统服务功能

水质净化能力：评估河口对污染物的吸纳和净化效果。

防洪减灾功能：增强河口的泄洪能力，减少洪涝灾害风险。

三、案例分析——黄渤海等河口赤潮、浒苔暴发

1. 案例背景

近年来，黄海和渤海海域频繁出现赤潮和浒苔暴发的情况。赤潮是海洋中某些浮游生物暴发性增殖或聚集而引起海水变色的一种生态异常现象；浒苔则是一种大型绿藻，大量繁殖时会形成海上"绿潮"。这些现象对海洋生态环境、渔业资源、旅游业等造成了严重的影响。

2. 治理方法

（1）加强监测预警

相关部门在黄海和渤海海域建立了完善的海洋环境监测网络，通过卫星遥感、浮标监测、船舶监测等多种手段，实时掌握海洋环境变化和赤潮、绿潮的动态。

一旦发现赤潮或浒苔暴发的迹象，立即启动应急预案，向相关部门和公众发布预警信息，以便采取及时有效的应对措施。

（2）控制陆源污染

加大对沿海水域的环境治理力度，加强对工业废水、生活污水和农业面源污染的管控。

提高污水处理标准，确保污水达标排放；加强对农药、化肥的使用管理，减少农业面源污染对海洋的输入。

通过治理陆源污染，减少了海洋中的营养物质含量，从源头上遏制了赤潮和浒苔的暴发。

（3）生态修复

在海域内开展生态修复工程，种植海草、投放贝类等海洋生物，增加海洋生物多样性，提高海洋生态系统的稳定性。

海草可以吸收海水中的营养物质，减少赤潮发生的可能性；贝类则可以滤食浮游生物和浒苔，起到控制赤潮和浒苔规模的作用。

3. 治理成效

以浒苔治理为例，自然资源部等部门通过开展除藻作业、及时回收紫菜养殖筏架等措施，从源头上控制了入海浒苔绿藻初始生物量。例如，2019 年 11 月至 2020 年 7 月，自然资源部与江苏省在苏北辐射沙洲紫菜养殖区共同组织开展了浒苔绿潮防控试验，取得了显著成效。2021 年 2 月发布的信息提到，黄海浒苔绿潮灾害治理取得重大成果，2020 年最大覆盖面积与近 5 年均值相比下降 54.9%，持续时间缩短 30 天。

然而，浒苔暴发的问题尚未完全解决。根据生态环境部卫星遥感监测结果，2021 年黄海浒苔最大分布范围约为 6 万 km^2，是 2020 年的 2.3 倍左右。多年研究表明，浒苔的暴发可能与海区水文动力基础环境条件、浒苔藻种种源、海水富营养化等多种因素有关，形成

机制十分复杂。黄海浒苔连续多年暴发且年际间出现反复，反映出我国近海生态环境长期受到高强度人为活动、气候变化等多重因素影响，海洋生态环境改善还未从"量变"转为"质变"，近海生态环境安全形势依然严峻。

另外，在赤潮治理方面，相关部门也采取了一些措施，如加强对赤潮的监测和预警，及时通知相关单位和养殖业户采取预防措施，减轻赤潮对渔业生产的影响等。但由于赤潮形成原因较为复杂，治理难度较大，仍需要持续地研究和努力来进一步提高治理效果。

治理赤潮和浒苔是一个长期而复杂的过程，需要相关部门、科研机构以及社会各界的共同努力，采取综合的治理措施，包括控制陆源污染物排放、加强海洋环境监测和研究、提升应急处置能力等，以逐步改善海洋生态环境，减少赤潮和浒苔的暴发频率与危害程度。同时，需要不断加强宣传教育，增强公众对海洋环境保护的意识。

任务五　河口污染修复项目管理策略

一、修复设施的运营维护

建立定期的监测计划，对修复设施的运行状况、生态系统的恢复情况以及水质、生物多样性等指标进行监测和记录。利用监测数据评估修复设施的效果，及时发现问题和潜在风险。

制订详细的设施检查计划，包括结构完整性、设备运行状况、管道和渠道的畅通性等，对发现的损坏或故障设施及时进行维修和更换，确保设施的正常运行。

按照设备制造商的建议，对关键设备（如曝气机、水泵、监测仪器等）进行定期保养，包括清洁、润滑、紧固等，定期校准监测设备，保证数据的准确性和可靠性。

对于可能存在淤积的区域（如河道、湿地等），定期进行清淤工作，以维持水流的畅通和设施的正常功能。

对种植的水生植物进行定期修剪、收割和补种，以保持其良好的生长状态和生态功能，控制外来物种的入侵，维护本地生物群落的稳定。

对运营维护人员进行专业培训，提高其技术水平和操作技能，确保能够正确操作和维护修复设施，并且建立明确的工作职责和管理制度，加强人员的责任心和工作效率。

针对可能出现的自然灾害、设备故障等突发情况，制定应急预案，明确应急处理流程和措施，定期进行应急演练，提高应对突发事件的能力。

合理安排运营维护资金，确保有足够的经费支持日常的检查、维修、保养等工作，探索多元化的资金来源，如政府补贴、社会捐赠、收费机制等。

加强对周边居民和利益相关者的宣传教育，提高他们对河口生态修复项目的认识和支持，鼓励公众参与监督和保护修复设施，形成共同维护的良好氛围。

持续开展相关的科学研究，根据新的研究成果和技术发展，对修复设施和运营维护策略进行优化与改进。

二、效果监测的评价

1．评价指标体系

（1）水质指标

按照《地表水环境质量标准》（GB 3838—2002），监测化学需氧量（COD）、生化需氧量（BOD）、氨氮、总磷、总氮、溶解氧（DO）、重金属含量等。

比较修复前后各项水质指标的变化，评估水质的改善程度。

（2）沉积物质量

依据《海洋沉积物质量》（GB 18668—2002），检测沉积物中的有机物、重金属、农药等污染物含量。

分析沉积物质量的提升对河口生态系统的积极影响。

（3）生物指标

物种多样性：统计修复区域内动植物的物种数量，参考《生物多样性观测技术导则》。

指示物种：监测关键指示物种（如珍稀濒危物种、生态功能重要物种）的种群数量和分布范围。

生物群落结构：研究浮游生物、底栖生物、鱼类等群落的组成和结构变化。

（4）生态系统功能

初级生产力：测定浮游植物的光合作用效率等。

食物网完整性：分析各级消费者之间的能量流动和物质循环。

栖息地质量：评估湿地、红树林等栖息地的面积、生态特征和服务功能。

（5）社会经济指标

水资源利用效率：衡量修复后对河口水资源合理利用的促进作用。

生态旅游发展：考察因生态改善带来的旅游经济效益。

2．评价方法

（1）对比分析

将修复后的监测数据与修复前的基线数据进行对比，直观反映变化趋势。

（2）时空分析

在不同时间点和空间位置进行采样与监测，分析效果的时空差异。

（3）模型模拟

运用生态系统模型，预测不同修复措施下的生态系统响应，与实际监测结果相互验证。

3．国家标准的遵循与改进

及时了解相关领域国家标准的修订和出台，确保评价指标和方法符合最新要求。项目团队可以积极参与有关国家标准的制定和讨论，获取实践经验和数据支持。

内部建立严格的内部质量控制体系，保证监测数据的准确性和可靠性，符合国家标准的质量要求，并且每隔一定时间对评价措施进行全面评估，根据国家标准的变化和项目实际需求进行调整与优化。

通过以上综合的评价体系和持续改进的机制，能够更科学、客观地评价河口生态修复治理项目的效果，为项目的进一步优化和推广提供有力支持。

思考题

1. 河口水污染的主要来源有哪些？请分别举例说明。
2. 列举至少三种河口水污染物理修复技术，并说明其原理和适用范围。
3. 生物修复技术包括哪些主要类型？各自的作用机制是什么？
4. 污染源调查和水质监测在工程规划中起到什么作用？

项目七　小贴士

参考文献

[1] 宋鹏斐. 海上突发溢油事故应急处置案例研究[J]. 三峡生态环境监测，2022，7（2）：67-74.

[2] 柳银花. 突发性水污染事件应急管理能力评价研究[D]. 西安：西安科技大学，2022.

[3] 章琦媛. 突发性水污染事件应急管理研究[D]. 武汉：华中科技大学，2022.

[4] 刘恩光，赵彦龙，宁增平，等. 突发性水体重金属污染应急处理处置技术研究进展[J]. 地球与环境，2022，50（2）：281-290.

[5] 朱月. 城市公共安全视阈下突发性水体污染事件应急管理研究[D]. 昆明：云南师范大学，2021.

[6] 陈娜日苏. 基于水下地形的突发性地下水污染事件应急监测方法研究[J]. 环境科学与管理，2021，46（5）：93-98.

[7] 张柏栋，陈伟峰，黄艺文，等. HM-5000P检测仪在突发性水环境污染事件应急监测中的应用[J]. 节能，2022，41（10）：75-77.

[8] 麦晓蓓，林剑华. 突发水环境污染事件应急处置的问题和对策研究：以肇庆工业园区为例[J]. 黑龙江环境通报，2022，35（3）：83-85.

[9] 阳菲菲. 流域水污染事件环境应急防控与处置研究[J]. 皮革制作与环保科技，2024，5（10）：145-147.

[10] 王贞珍，宋瑞鹏，韦诗佳. 流域突发水污染事件研究及应急体系建设[J]. 河南水利与南水北调，2023，52（11）：12-13.

[11] 王盼新，宋玉栋，吴昌永，等. 关于突发水污染事件应急处置技术需求的几点思考[J]. 环境工程技术学报，2022，12（6）：1972-1977.

[12] 王亚变，薛丽洋，刘佳，等. 尾矿库突发水污染事件环境应急处置措施及应用示范[J]. 环境污染与防治，2022，44（4）：541-545.

[13] 苑鹏. 辽河流域水污染突发事件应急处置系统平台构建[J]. 水利技术监督，2022（3）：39-42，57.

[14] 王贞珍，郭飞. 重大突发水污染事件应急体系基本构架[C]//河海大学，河北工程大学，浙江水利水电学院，等. 2023（第二届）城市水利与洪涝防治学术研讨会论文集. 黄河水利委员会水文局，黄河勘测规划设计研究院有限公司，2023.

[15] 何勇. 南平市富屯溪流域突发水污染事件应急防控方案研究[J]. 中国资源综合利用，2022，40（12）：66-69.

[16] 费婷. 污水处理过程中新型污染物的监测与分析[J]. 黑龙江环境通报，2024，37（5）：60-62.

[17] 孙翠平，康蒙，孟凡伟，等. 新型污染物的环境行为与生态风险评估及防治策略研究[J]. 皮革制作与环保科技，2024，5（3）：97-99.

[18] 李文刚，孙耀胜，么强，等. 新型有机污染物污染现状及其深度处理工艺研究进展[J]. 环境工程，2021，39（8）：77-87

[19] 钟理，陈建军. 高级氧化处理有机污水技术进展[J]. 工业水处理，2002（1）：1-5.

[20] 王昕，卿三成，薛广海，等. 高级氧化深度处理技术在水处理中的应用研究[J]. 清洗世界，2024，40（5）：105-107.

[21] 雷小阳,倪雯倩,陈新涛,等. 水中新型污染物及其检测技术研究进展[J]. 广东化工,2018,45(13):191-193.

[22] 张芊芊. 中国流域典型新型有机污染物排放量估算、多介质归趋模拟及生态风险评估[D]. 广州:中国科学院研究生院(广州地球化学研究所),2015.

[23] 罗莹. 典型新型污染物水生态风险评估研究[D]. 保定:河北大学,2018.

[24] 金涛. 新型污染物的环境行为与生态风险评估及防治策略研究[J]. 皮革制作与环保科技,2024,5(2):28-30.

[25] 宋君,夏鑫鑫,朱昱. 环境中微塑料的分析技术研究进展[J]. 分析试验室,2025(4).

[26] 戴柳云,侯磊,王化,等. 汇流对洱海罗时江小流域水体微塑料污染的影响[J]. 环境科学,2025,46(5):2708-2718.

[27] 潘玉龙,张崇淼. 我国地表水体微塑料的流域分布特征和生态风险[J]. 环境科学,2025,46(5):2694-2707.

[28] 崔淑瑜,余萍,梁田田,等. 城市河流生态修复措施公众偏好的调查与研究[J]. 水科学与工程,2023(1):73-75.

[29] 陈承峰. 河道底泥复合重金属污染固化稳定化修复技术研究[D]. 广州:广州大学,2019.

[30] 唐中亚,戴晶,刘淋,等. 污水处理技术在黑臭水体治理中的应用研究[J]. 价值工程,2024,43(22):74-77.

[31] 黄俊,衣俊,程金平. 长江口及近海水环境中新型污染物研究进展[J]. 环境化学,2014,33(9):1484-1494.

[32] 王以尧,余佳,魏震,等. 地表水环境质量标准综述(四)——标准实施评估及修订工作建议[J]. 四川环境,2022,41(3):258-264.

[33] 吴斌. 基于重金属与底栖生物群落结构耦合关系的近海沉积物环境质量综合评价体系构建[D]. 青岛:中国科学院研究生院(海洋研究所),2014.

[34] 耿慧霞. 黄海绿潮原因种浒苔(*Ulva prolifera*)的附着生长特性与沉降区域研究[D]. 青岛:中国科学院大学(中国科学院海洋研究所),2017.

[35] 宋德彬. 基于多源数据的黄渤海藻类灾害时空分布及对策研究[D]. 烟台:中国科学院大学(中国科学院烟台海岸带研究所),2019.

[36] 周晓蔚. 河口生态系统健康与水环境风险评价理论方法研究[D]. 北京:华北电力大学(北京),2008.

[37] 崔伟中. 珠江河口水环境的时空变异及对生态系统的影响[D]. 南京:河海大学,2007.

[38] 孔倩茜. 河流水质连续监测及水质综合评价方法研究[J]. 当代化工研究,2023(24):115-117.

[39] 史建勋,茅海琼,潘静芬. 水质监测报数规则与方法选用[C]//中国环境科学学会(Chinese Society For Environmental Sciences). 中国环境科学学会 2023 年科学技术年会论文集(四). 浙江药科职业大学,浙江省宁波生态环境监测中心,浙江省海洋生态环境监测中心,2023.

[40] 许秋寒,钱佳欢,陈钊英,等. 长江口及毗邻海域水环境现状与污染防治对策[J]. 中国发展,2015,15(3):10-14.

[41] 李冬冬,王晗. 人工湿地中不同水生植物对低污染水的净化效果[J]. 清洗世界,2024,40(8):127-129.

[42] 陈榕. 人工湿地技术在水域生态修复中的应用[J]. 山西建筑,2023,49(23):126-128.

[43] 周燕遐. 珠江口及邻近海域水质状况分析[J]. 海洋通报,1994(3):24-30.

[44] 高媛. 河流生态调查技术研究[J]. 科学技术创新,2019(7):108-109.

[45] 刘雪萍，董颖，朱雪征，等. 卫星遥感在黄河中下游河流地貌地质遗迹调查中的应用[J]. 卫星应用，2021（3）：42-49.

[46] 王利. GIS 技术在河流污染治理中的应用研究[J]. 皮革制作与环保科技，2024，5（10）：113-115.

[47] 孙文青，陆光华，薛晨旺，等. 基于稳定同位素技术识别河流硝酸盐污染源研究进展[J]. 四川环境，2019，38（3）：193-198.

[48] 马李娅. 九龙江河口：厦门湾全氟和多氟化合物的污染特征、生态风险评估及其管理对策研究[D]. 厦门：厦门大学，2018.

[49] 明新栋，陈鑫. 生态护岸施工技术分析[J]. 工程技术研究，2024，9（12）：214-216.

[50] 王玉岭. 河道治理与水环境保护的措施分析[J]. 清洗世界，2023，39（11）：115-117.

[51] 邵军. 生物修复技术在水环境治理中的应用与发展探析[J]. 黑龙江环境通报，2024，37（6）：154-156.

[52] 杨炎锋. 基于沉水植物的河道水体水质净化生态修复技术研究[J]. 节能，2024，43（2）：101-103.

[53] 黎亮. 生态护坡技术在防洪护岸工程中的应用探讨[J]. 低碳世界，2023，13（10）：46-48.

[54] 钟桂清. 小型流域河道生态综合治理实践[J]. 河南水利与南水北调，2023，52（11）：2-4.

[55] 孙玉阳. 河流水体污染的生态修复技术研究[J]. 环境科学与管理，2023，48（12）：143-147.

[56] 董哲仁. 试论河流生态修复规划的原则[J]. 中国水利，2006（13）：11-13.

[57] 何娜，孙占祥，张玉龙，等. 不同水生植物去除水体氮磷的效果[J]. 环境工程学报，2013，7（4）：1295-1300.

[58] 张聪，陈晓宇，白国梁，等. 沉水植物群落搭配对河流水体净化效果研究[J]. 水道港口，2024，45（2）：271-276.

[59] 阳小成. 成都活水公园人工湿地对锦江河水年度净化效果的研究[J]. 成都理工大学学报（自然科学版），2008（5）：591-596.

[60] 栾博，刘玥，车迪，等. 基于自然的解决方案的高密度城市水鸟栖息地精细化生态修复模式探索：以中国深圳市福田红树林国家重要湿地为例[J]. 景观设计学（中英文），2024，12（3）：36-61.

[61] 李伟，杨崛园，熊健，等. 西藏雅尼湿地水质评价及污染源分析[J]. 水生态学杂志，2025（5）.

[62] 江灿，贾俊鹤，杨颖，等. 互花米草在中国的 40 年：认知演变与治理对策[J]. 生态学报，2024（20）：1-13.

[63] 程林，刘西汉，高翔，等. 渤海湾滨海湿地互花米草分布与扩散特征研究[J]. 生态学报，2024（18）：1-11.

[64] 鲁斌，王荣兴，曹光秀，等. 滇池湖滨湿地水鸟栖息地重要性评估及其影响因子分析[J]. 野生动物学报，2024，45（3）：561-570.

[65] 许媛媛，张影宏，刘钺昕，等. 基于水鸟多样性提升的天福国家湿地公园生态修复成效评估[J]. 中国城市林业，2024，22（3）：146-152.

[66] 张春松. 互花米草防治后的海岸带增汇技术研究[J]. 水利规划与设计，2024（8）：109-111.

[67] 宋雪，石建娅，李瑞成，等. 不同立地类型红树林修复效果评价：以深圳湾为例[J]. 应用海洋学报，2024，43（2）：305-314.

[68] 钟远岳，雷晓寒，蒋国翔. 河口—海湾湿地生态保护修复路径探索：以深圳湾为例[J]. 城市规划学刊，2022（S1）：254-259.

[69] 吴后建，刘世好，曹虹，等. 中国红树林生态修复成效评价标准体系探讨[J]. 湿地科学，2022，20（5）：628-635.

[70] 宋雪，王辉，石建娅，等. 深圳湾困难立地红树林修复技术与应用研究[J]. 北京大学学报（自然科学版），2022，58（5）：929-936.

[71] 中华人民共和国湿地保护法[J]. 浙江林业，2022（6）：11-15.

[72] 罗炘武，郑卫国，李文凤，等. 深圳福田红树林水鸟栖息地生态修复实践[J]. 亚热带水土保持，2022，34（1）：46-50.

[73] 王孟琪. 深圳湾湿地红树林有害生物现状及综合防控措施[J]. 现代园艺，2019（8）：41-42.

[74] 牛志远，沈小雪，柴民伟，等. 深圳湾福田红树林区水环境质量时空变化特征[J]. 北京大学学报（自然科学版），2018，54（1）：137-145.

[75] 王淼强. 深圳湾红树林虫害及防治技术研究进展[J]. 绿色科技，2017（15）：211-212.

[76] 许加星，罗明汉，程俊翔. 香港米埔红树林湿地土壤温室气体排放的时空变化特征[J]. 湿地科学，2025，23（1）：108-121.

[77] 柯舒婷，李广春，郑斓，等. 基于 GEE 的漳州市红树林长时序变化遥感监测分析[J]. 湿地科学与管理，2025，21（1）：32-38.

[78] 杨泽宇，肖石红，马姣娇，等. 典型红树林湿地土壤有机碳组分特征及影响因素[J]. 西部林业科学，2025，54（1）：126-134.

[79] 王磊，孙筠松，张流洋. 生态修复项目对区域生物多样性影响的分析与评价：以三亚市海棠河外来植物防治与红树林湿地恢复项目为例[J]. 林业科技通讯，2025（2）：80-83.

[80] 韩梦梦，高育慧，罗炘武，等. 华南地区红树林现状及碳汇研究进展[J]. 安徽农业科学，2025，53（3）：10-13.

[81] 庞礼铧，崔保山，马旭，等. 滨海湿地水文连通修复对生态系统功能提升的研究进展与挑战[J]. 环境工程，2025，43（2）：167-176.

[82] 晏然，杨清书，冯建祥，等. 福建漳江口滨海湿地稳态结构演替及其驱动因素[J]. 应用海洋学学报，2025，44（1）：157-166.

[83] 尉鹏雁，游惠明，谭芳林，等. 生物炭添加对红树林湿地土壤细菌群落的影响[J]. 江西农业大学学报，2025，47（1）：141-151.

[84] 甘露，周卫，严学兵，等. 海陆生态枢纽：我国沿海滩涂湿地生态服务与可持续利用[J]. 草地学报，2025，33（1）：1-9.

[85] 洪冉，张辉，宋迎春，等. 深圳福田红树林湿地沉积物与凋落叶小型底栖动物的群落特征[J]. 中国海洋大学学报（自然科学版），2025，55（2）：57-66.

[86] 李睿，周凯，胡钧. 基于 SD 模型的红树林湿地管理投入与系统功能研究[J]. 特区经济，2024（12）：24-27.

[87] 张佳雯，李逸，李婷，等. 珠江口红树林湿地沉积物中四溴双酚 A 和六溴环十二烷的时空分布[J]. 海洋环境科学，2024，43（6）：882-888.

[88] 李颖颖，刘晓敏，李学恒. 南沙湿地公园红树林碳储量调查和碳汇潜力初步探究[J]. 绿色科技，2024，26（20）：105-108，115.

[89] 王飞飞，吴高杰，杨盛昌，等. 河口型红树林湿地土壤有机碳储量与来源特征[J]. 湿地科学，2024，22（5）：664-673.

[90] 朱晓武，吴悦宏，肖泽鑫，等. 粤东地区红树林土壤养分及生态化学计量特征[J]. 土壤通报，2024，55（5）：1345-1354.

[91] 李逸，徐涵，莫雷，等. 黄槿在临高县博厚镇祥龙村北边红树林湿地生态修复应用[J]. 热带林业，2024，52（3）：92-95.

[92] 于洋，水柏年，吕聪聪，等. 茅埏岛红树林沉积物有机碳埋藏特征解析[J]. 中国环境科学，2024，44（8）：4539-4546.

[93] 张林，王瑁，王文卿. 红树林湿地主要大型底栖动物的生态功能及多样性保护需求[J]. 广西科学院学报，2024，40（3）：197-206.

[94] 巫金敏. 深圳东涌红树林湿地植物资源特征与生态修复策略研究[J]. 乡村科技，2024，15（15）：137-139.

[95] 李桐. 基于水鸟栖息地保护的珠江三角洲湿地公园设计研究[D]. 广州：华南理工大学，2017.

[96] 林永红，徐鹏，廖星，等. 滨海湿地水鸟飞行阻力格局及空间管制策略：以深圳市深圳湾为例[J]. 生态学杂志，2015，34（11）：3182-3190.

[97] 孔繁翔，胡维平，范成新，等. 太湖流域水污染控制与生态修复的研究与战略思考[J]. 湖泊科学，2006，18（3）：193-198.

[98] 叶春，李春华，陈小刚，等. 太湖湖滨带类型划分及生态修复模式研究[J]. 湖泊科学，2012，24（6）：822-828.

[99] 余辉. 日本琵琶湖流域生态系统的修复与重建[J]. 环境科学研究，2016，29（1）：36-43.

[100] 康亭，王玉红，张玮，等. 江苏省河湖生态缓冲带构建研究综述[J]. 环境保护与循环经济，2023，43（16）：49-55.

[101] 孟一凡，刘卫，刘佳. 河岸植物缓冲带修复设计研究：以靖江新桥镇长江沿岸湿地为例[J]. 特种经济动植物，2023，26（5）：189-191.

[102] 徐敏，张涛，王东，等. 中国水污染防治40年回顾与展望[J]. 中国环境管理，2019，11（3）：65-71.

[103] 生态环境部. 2018年中国环境状况公报[R]. 2018.

[104] 马荣华，杨桂山，段洪涛，等，中国湖泊的数量、面积与空间分布[J]. 中国科学：地球科学，2011，41（3）：394-401.

[105] 王圣瑞，郑炳辉，金相灿，等. 全国重点湖泊生态安全状况及其保障对策[J]. 环境保护，2014，42（4）：39-42.

[106] 肖德强，董磊，潘雄. 长江中下游湖泊沉积物氮磷污染现状及治理思路[J/OL]. 长江科学院院报，2025-01-10，DOI：10.11988/ckyyb.20230891.

[107] 潘雄，顾文俊，李欢，等. 洪湖沉积物碳氮磷分布特征及污染评价[J]. 长江科学院院报，2021，38（8）：41-46.

[108] 王欣，陈欣瑶，邹云，等. 阳澄湖沉积物中氮、磷及有机质空间分布特征与污染评价[J]. 环境监控与预警，2021，13（3）：44-49.

[109] 刘聚涛，温春云，韩柳，等. 2012—2017年鄱阳湖水位变化与氮磷响应特征研究[J]. 环境污染与防治，2020，42（10）：1274-1279.

[110] 王正文，姚晓龙，姜星宇，等. 季节与水文影响下鄱阳湖碟形湖湿地沉积物氮去除功能变化[J]. 长江流域资源与环境，2022，31（3）：673-684.

[111] 宋菲菲，胡小贞，金相灿，等. 国外不同类型湖泊治理思路分析与启示[J]. 环境工程技术学报，2013，3（2）：156-162.

[112] 黄晓倩，翟晋浩，王汴歌. 水库水生态保护及修复的新思路[J]. 河南水利与南水北调，2017，46（12）：

11-12.

[113] 谷媛媛. 生态修复技术在水库水源地保护中的应用[J]. 河北水利, 2021（10）: 16-17.

[114] 王慧. 官厅水库库滨带生态修复工程设计研究[J]. 水利水电技术（中英文）, 2024, 55（S1）: 211-215.

[115] 王超群. 小型水库退役影响评价及生态修复研究[D]. 南昌: 南昌大学, 2022.

[116] 徐宜雪, 魏伟伟, 李春华, 等. 长潭水库湖滨带、缓冲带范围划定及生态修复实践[J]. 环境工程技术学报, 2022, 12（6）: 2105-2112.

[117] 乔明, 吴靖霆, 张弛. 水库水生态环境问题及应对策略[J]. 中国高新科技, 2022（8）: 152-153.

[118] 钱宇腾. 水库浮游生物结构特征分析及水质评价研究[J]. 地下水, 2024, 46（3）: 104-106.

[119] 董显坤, 赵文, 任剑申, 等. 南水北调后密云水库浮游动物多样性及水生态环境评价[J]. 吉林水利, 2020（6）: 1-6, 11.

[120] 柴蓓蓓. 水源水库沉积物多相界面污染物迁移转化与污染控制研究[D]. 西安: 西安建筑科技大学, 2012.

[121] 刘彩凤. 水库沉积物有机解磷菌群落多样性及其释磷能力研究[D]. 福州: 福建师范大学, 2023.

[122] 王斌, 黄廷林, 李楠, 等. 水源水库沉积物及其上覆水 DOM 光谱特征[J]. 中国环境科学, 2022, 42（3）: 1309-1317.

[123] 陈承峰. 河道底泥复合重金属污染固化稳定化修复技术研究[D]. 广州: 广州大学, 2019.

后　记

在学习的过程中，我们认识到，水污染修复是当今社会面临的重要挑战之一，也是我们必须共同关注和积极应对的问题。近年来，随着人类活动的加剧，水污染问题日益严重，对生态系统和人类健康构成了巨大威胁。因此，如何有效地进行水污染修复，成为各国政府、科研机构和企业亟须解决的重要课题。

本教材《水污染修复工程》专注于自然水体的修复技术，旨在系统介绍水污染修复领域的应用关键技术和工程实践。与传统的《水污染控制工程》教材不同，本教材的重点在于自然水体的生态修复，而不是城市污水处理厂和工业废水处理技术。生态修复技术主要针对河流、湖泊、湿地、水库等自然水体，强调恢复水生态系统的健康和稳定，提升水环境质量，保护生物多样性。

在我们深入研究的过程中发现，目前国际上已有诸多成功的绿色流域建设案例，如英国的泰晤士河等。这些绿色流域的共同特点可以归纳为以下几点：

（1）消除污染：这些流域通过系统的污染治理和修复措施，有效地消除了工业排放、生活污水等污染源，确保水质达到优良标准。

（2）水质优良：通过建立和实施严格的水质监测与管理制度，确保流域内的水质持续改善，达到饮用水或生态用水的标准。

（3）生物多样性丰富：在流域修复过程中，这些地区注重生物多样性的保护和恢复，通过引入和保护本土物种，增强生态系统的稳定性和抵抗力。

（4）生态系统健康：通过多种生态修复技术，如河流疏浚、湿地恢复、植被重建等，恢复了流域内自然生态系统的功能，使其能够自我调节和恢复。

（5）景观自然：这些绿色流域案例都注重生态景观的自然美感，通过修复工程的实施，使流域环境焕然一新，既满足了生态功能需求，也提升了人们的生活质量和体验。

长期以来，绿色流域转型过程中，如何在开发利用和有效保护之间找到平衡，一直是流域管理的难点和痛点。《中华人民共和国长江保护法》的颁布与实施，提供了一个解决方案，通过约束人类活动，规范开发行为，达到合理开发与有效保护的协调。这表明，在当前的流域管理中，应更加注重通过高水平保护和高质量发展协同推进流域迈向"绿色"。

未来的绿色流域应该具备零污染、碳中和、生态完整和数字流域等特征：

（1）零污染：意味着排放的污染物能够被自然环境完全净化，或被严格控制在不导致污染的阈值以下，实现生态与环境风险的最小化。

（2）碳中和：在"双碳"目标背景下，绿色流域建设需要兼顾减污和降碳，通过清洁生产和循环利用，实现碳排放的平衡。

（3）生态完整：生态系统的完整性是绿色流域的核心，通过构建以生物为中心的评价体系，确保生态系统各组成部分的健康和功能的正常发挥。

（4）数字流域：未来的流域管理将越来越依赖于数字化和智能化技术，通过人工智能和大数据的应用，实现精准、定量和高效的流域管理。

未来的绿色流域建设需要从以下几个方面入手：

（1）系统解决环境问题：联合国环境规划署提出，要实现绿色流域建设，需要从流域的整体视角出发，协同解决气候变化、生物多样性下降和环境污染三大环境问题，研究制订综合性的解决方案。

（2）人工智能的应用：人工智能在流域治理中具有广阔的应用前景，可以帮助实现污染的全生命周期管控，优化能源资源的利用，提高生态环境监测的精度和响应速度，推动生态保护和管理迈上新台阶。

（3）构建绿色流域评价体系：通过提出涵盖绿色发展、水生态系统健康、人水和谐、区域协同等多个维度的绿色流域构建指标体系，形成绿色流域差异化的评价方法和标准，指导实际的流域治理工作。

迈向"绿色"是人类对自然的回归，也是对可持续发展的追求。在水污染修复的过程中，我们需要继续探索创新的技术和管理方法，协调好开发与保护的关系，努力实现水环境质量优良、水资源保障有力、水管理智慧精准、水治理低碳高效、水文化多元融合的绿色流域目标。绿色流域的建设，不仅关乎生态环境的改善，更关乎人类社会的可持续发展。相信在我们的共同努力下，绿色流域的美好蓝图一定会成为现实。

郑国臣

2024 年 11 月